500kV地下输变电工程
数字化设计

500kV DIXIA SHUBIANDIAN
GONGCHENG SHUZIHUA SHEJI

国网上海市电力公司经济技术研究院   王固萍   祝瑞金   主编

中国电力出版社
CHINA ELECTRIC POWER PRESS

内 容 提 要

本书以国网上海市电力公司 500kV 虹杨输变电工程为案例，详细介绍了超高压地下输变电工程建设过程。

本书共分为 6 章，第 1 章为超高压地下输变电工程概述，第 2 章为超高压地下输变电工程数字化设计实例概况，第 3 章为基于 IFC 标准的超高压地下输变电工程数字化设计，第 4 章为基于云端大数据和移动终端的超高压地下输变电工程设计，第 5 章为超高压地下输变电工程建设关键技术，第 6 章为 500kV 地下输变电工程总结。

本书可作为超高压地下输变电工程相关建设人员的参考资料，也可作为相关工程的研究资料。

图书在版编目（CIP）数据

500kV 地下输变电工程数字化设计/王固萍，祝瑞金主编. —北京：中国电力出版社，2017.10
ISBN 978-7-5198-1152-5

Ⅰ. ①5… Ⅱ. ①王… ②祝… Ⅲ. ①数字技术－应用－地下工程－输电－电力工程－工程设计②数字技术－应用－地下工程－变电所－电力工程－工程设计 Ⅳ. ①TM7-39②TM63-39

中国版本图书馆 CIP 数据核字（2017）第 225593 号

出版发行：中国电力出版社
地　　址：北京市东城区北京站西街 19 号（邮政编码 100005）
网　　址：http://www.cepp.sgcc.com.cn
责任编辑：岳　璐（010-63412339）　安鸿
责任校对：朱丽芳
装帧设计：赵丽媛　左　铭
责任印制：邹树群

印　　刷：北京雁林吉兆印刷有限公司
版　　次：2017 年 10 月第一版
印　　次：2017 年 10 月北京第一次印刷
开　　本：710 毫米×980 毫米　16 开本
印　　张：10.25
字　　数：170 千字
印　　数：0001—1000 册
定　　价：58.00 元

编　委　会

主　　编　王固萍　祝瑞金

副 主 编　李宾皑　陈超杰　朱琦锋

参编人员（按姓氏笔画排名）

马　黎	王建军	王晓锋	吕征宇	朱　涛
邬振武	杨　威	肖俊晔	何　仲	何真珍
忻渊中	张　勇	张雪梅	陆小龙	季彤天
季蓉平	周　亮	孟　毓	赵艳粉	金　仕
柏　扬	顾万里	徐　骏	曹　祯	蒋声婴

前　言

近年来，随着城市开发建设的加快，使得城市建设用地日趋紧张。上海作为国际大都市，中心城区负荷密度急剧上升，使超高压变电站不得不向纵深发展。500kV 虹杨输变电工程就是一个面对新形势、适应大都市发展的工程。

输变电工程设计技术经历了图版制图、计算机制图和计算机辅助设计三个阶段。特别是近十年，以三维数字化设计技术为代表的新设计技术在输变电工程中不断得到应用，作为一项发展中的技术，需要根据目前应用情况进行系统的研究，有序推动和引导技术的发展。三维数字化设计技术是建模技术、信息技术、网络技术在设计领域的集成创新，其成果能够三维虚拟展示，并包含地理信息、设备属性信息、过程信息，具备关联性、溯源性等特征，是一次设计技术的革命。

在超高压地下输变电工程建设过程中，设计的重要性一直体现在工程实施的每一个角落，主要表现在变电站数字化设计和电力电缆隧道数字化设计。本书以国网上海市电力公司 500kV 虹杨输变电工程为例，在变电站数字化设计中，通过基于 IFC 的三维数字化平台研究，采用三维空间地理信息系统＋建筑信息模型（3DGIS＋BIM）信息融合和技术集成这一国际前沿技术，形成一套完善的电力基础设施三维可视化综合应用系统；在电力电缆隧道数字化设计中，基于云端大数据、移动终端的电力隧道全寿命管理平台的研发目标，实现对工程项目安全、进度、质量的信息化管理与协调，优化整体工程的资源配置，提高工程实施效果和管理效率。另外，超高压地下输变电工程的关键技术很多，重点对超高压地下输变电工程接地技术和超高压地下变电站防火技术进行研究，为 500kV 虹杨输变电工程高标准、高质量、高效率地完成提供了技术保证。

本书共分为 6 章，第 1 章概述了超高压地下输变电工程的意义、研究重点及其关键技术，第 2 章介绍了超高压地下输变电工程数字化设计实例，第 3 章介绍了基于 IFC 标准的超高压地下输变电工程数字化设计，第 4 章介绍了基于云端大数据和移动终端的超高压地下输变电工程设计，第 5 章介绍了超高压地下输变电工程建设关键技术，第 6 章总结了 500kV 地下输变电工程。

在本书编写过程中，500kV 虹杨输变电工程参与单位提供了很多参考资料，在此表示感谢。

由于时间和水平有限，书中难免有疏漏与不足之处，恳请广大读者批评指正。

编　者
2017 年 7 月

目　录

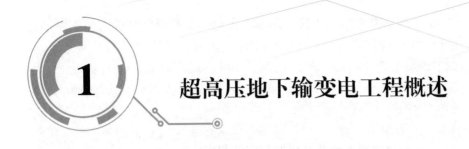

超高压地下输变电工程概述

1.1　超高压地下输变电工程的建设意义

随着社会经济的迅速发展，各行各业对电力的需求都在不断增长，上海城市中心区用电负荷更加密集。为了保证城市中心区安全可靠的用电，妥善解决此类地区用地紧张、站址选择困难、土地昂贵、征地拆迁费用较高带来的建设问题，结合地区规划整体要求，为提高土地利用率、改善城市景观、优化城市环境，地下变电站应运而生。

超高压地下输变电工程建设可提高大型、特大型城市中心城区的受电能力，满足中心城区负荷增长的需要；将极大地改善该地区相对薄弱的电网结构，同时简化中心城区的电网结构；使得中心城区的终端变电站易于接受来自不同方向的电源供电，以适应地区负荷增长的需要，提高供电可靠性。因此，对超高压地下输变电工程建设的研究具有非常重要的意义。

本书以国网上海市电力公司的虹杨 500kV 输变电工程为例，对基于建筑对象的工业基础类（industry foundation class，IFC）数据模型标准的超高压地下输变电工程数字化设计、基于云端大数据和移动终端的超高压地下输变电工程设计、超高压地下变电站防火技术、超高压地下输变电工程接地技术 4 个方面进行研究，这 4 个方面问题的解决将为城市电力电缆隧道工程建设提供科学的理论依据和经验。

1.2　国内外超高压地下输变电工程建设实例

1. 国内超高压地下输变电工程建设实例

由于大型地下变电站的特殊性，一些大型城市已拥有 220kV 和 550kV 地下变电站。

（1）上海随着 20 世纪 80 年代末 220kV 变电站进市区的需要，在人民广场建设了 220kV 地下变电站。人民广场地下变电站是举世瞩目的大型变电站之一，也是我国第一座超高压、大容量城市地下变电站，其位于人民广场东南角，为 5 层钢筋混凝土筒体结构，底深 18.6m，内径 58m，建筑面积为 9400m²，主要设备均安装于此。地面仅设 300m² 的中央控制室。该变电站总容量为 72 万 kVA，安装三台 24 万 kVA 变压器，主设备从奥地利、法国、德国、美国等引进，在技术上具有国内一流水平。该变电站通过接受 220kV 电网电力，向黄浦、卢湾、静安等区的 110kV 及 35kV 变电站提供电源。该变电站主要供电给上海地铁、南京路商业街、外滩金融街、市政府，各大报社、电台、电视台，以及部分国家驻沪领事馆等一大批重要用户。人民广场地下变电站总投资达 2.5 亿元，它的建成使上海市中心电网的运行质量得到了改善，同时也为我国在大城市建造地下变电站提供了有益的经验。

（2）2010 年，上海结合静安区绿地（雕塑）公园建设 500kV 世博地下输变电工程，其立面图如图 1-1 所示。该 500kV 地下变电站位于上海市中心北京西路、成都北路、山海关路、大田路合围的区域内，其作为 500kV 地下输变电工程进入市中心，可以解决上海浦西内环线以内中心城区电力供应日益紧张的局面；满足 2010 年世博会的供电需要；改善中心城区电网结构；增加降压容量；优化中心城区供电模式；提高供电可靠性。

图 1-1　500kV 世博地下输变电工程立面图

2. 国外超高压地下输变电工程建设实例

随着特大型城市市中心电力负荷的进一步集中，对于更高电压等级的城市中心地下变电站也开始出现在一些特大型都市中。21 世纪初，日本已经拥有了一座 500kV 地下变电站——东京 500kV 新丰洲变电站。该变电站位于东京市区南部，占用原"新东京火力发电厂"场地，为地上 1 层、地下 4 层（局部隔为

5 层）钢筋混凝土筒体结构，中央控制室设于地面，底深 33.8 m（包括基础总深约 75m），内径 144 m，建筑面积约 4.5 万 m²。设计变电总容量（终期）为 648 万 kVA，共安装 500/275kV、50 万 kVA 变压器 3 台，275/66kV、30 万 kVA 变压器 6 台，66/22kV、6 万 kVA 变压器 3 台。主设备由东芝公司总承包。该变电站通过接受 500kV 电网电力，为东京市区东南部提供电力。该地下变电站于 1993 年开工建设，至 2001 年 5 月一期工程建成投运。

1.3 超高压地下输变电工程的研究重点及关键技术问题

1. 超高压地下输变电工程的研究重点

超高压地下输变电工程设计的重要性在工程建设的过程中均有体现，主要表现在变电站数字化设计和电力电缆隧道数字化设计两个方面。

（1）在超高压地下输变电工程的变电站数字化设计中，通过基于 IFC 的三维数字化平台研究，采用三维空间地理信息系统＋建筑信息模型（3DGIS＋BIM）信息融合和技术集成这一国际前沿技术，基于 B/S 架构搭建建筑信息模型（building information modeling，BIM）应用网络环境，整合空间地理信息资源、电力基础设施 BIM 模型与属性数据资源，实现电力设施的展示、查询、检索、定位、安全管理等功能，形成一套完善的电力基础设施三维可视化综合应用系统。

（2）在超高压地下输变电工程的电力电缆隧道数字化设计中，基于云端大数据、移动终端的电力隧道全寿命管理平台的研发目标，以解决工程项目在施工过程中，因工程施工工序复杂，参与建设单位众多，各种信息类型复杂、数据量大等导致的工程信息管理难度大、效率低，工程施工安全隐患大，运营难度大等问题，实现对工程项目安全、进度、质量的信息化管理与协调，优化整体工程的资源配置，提高工程管理效率，使工程实施效果良好。

2. 超高压地下输变电工程的关键技术问题

超高压地下输变电工程关键技术的研究内容很多，在建设初期重点对超高压地下输变电工程接地技术和超高压地下变电站防火技术进行研究。

（1）着眼于 500kV 地下变电站工程接地技术研究，首次全面研究分析了 500kV 地下变电站工程接地系统性能，给出了相关分析的基本流程、方式方法以及注意事项等内容。随后结合在建的虹杨 500kV 地下变电站工程，全面评价了该变电站 3D 复合接地系统的性能及其安全可靠性，分析中采用了分块土壤结构模型；基于变电站进出线全部是电力电缆的情况，创建了实际故障电流分布计算模型，得到了变电站发生短路故障时流入接地系统的故障电流值。最后根据实际情况创建了考虑环流的 3D 复合接地系统模型，全面评价了该变电站接地系统的性能，评估的主要参数包括接地电阻、地电位升（GPR）、接触/跨步电压等参数，分析中考虑了故障情况下站内 GIS 系统对周边人身的安全影响以及评估了站内人员接触 GIS 金属管壁的接触电压安全性；同时在项目中定量探讨了将地下桩基作为主接地网的可行性以及周边商用民用技术设施安全性与变电站接地系统安全性的相互影响。

（2）基于对已建和在建的地下变电站的调查研究，对国内外变电站发生火灾事故进行了归纳和总结；并对地下变电站不同设备房间的火灾危险性进行了分析；进而对变电站中的重要危险源（设备中大量含油的主变压器室和电抗器室）进行了计算机火灾模拟，找出了地下变电站火灾的特点及相应的应对措施；同时分析了地下变电站与结合建设的非居建筑之间相互关系和影响；并从消防安全角度，对主要设备类型选择、建筑总平面布局、变电站单体平面布置、安全疏散、建筑防火构造、内装修、通风系统和潜在的爆炸风险几个方面进行了研究和分析，提出了相应的解决方案。基于前述的研究成果，从而对 500kV 地下变电站防火设计提出整体建议方案。

超高压地下输变电工程数字化设计实例概况

2.1 工程必要性

上海电网处于华东电网的受端,是华东地区乃至全国负荷密度最高的地区。上海电网是我国最大的城市电网,供电范围覆盖上海全境(包括崇明、长兴、横沙三岛)。500kV 电网为上海的主干电网,目前已建成徐行—杨行—外高桥二厂—顾路—远东(杨高)—三林—南桥—泗泾—黄渡—徐行双环网,是上海电网电力吞吐的主网架。此外,上海电网与华东主网间通过 6 回 500kV 线路相连,另有 2 回±500kV 直流线路(葛沪直流和宜华直流,总输送能力为 4200MW)同华中电网相连。220kV 电网是上海的高压输电网,从大型电厂和 500kV 变电站受电,降压后转送至 110kV 或 35kV 高压配电网。根据上海电网负荷密集的特点,在中心城区,部分 500kV 和 220kV 变电站采用了深入负荷中心送电的方式。

上海电网是一个分层分区运行的电网。目前以 500kV 枢纽变电站和大型电厂为核心分成杨行、徐行、黄渡、泗泾、南桥、亭卫、杨高、顾路、远东、静安 10 个供电区运行,正常情况下各个供电区之间通过 500kV 电网进行电能交换,各区之间其他电压等级上的电网基本独立,在事故情况下有一定的相互支援能力。

目前,上海浦西中心城区电网仅一座 500kV 地下变电站——静安变电站,所供负荷较轻。网内用电仍主要由市郊主力电厂和 500kV 变电站通过 220kV 架空线路送入市区 220kV 中心或中间变电站,再通过电缆线路以辐射型电网送入市中心的 220kV 终端站供给。现已形成以 220kV 万荣、西郊、长春为中心站,蕴藻浜、森林为中间站的辐射型供电网络。此外,浦西中心城区电网的部分 220kV 变电站由浦东的中心站通过 220kV 过江电缆供电。为满足安全供电需要,中心站一般通过 4 回 220kV 大截面架空线路由主力电厂和 500kV 变电站供电。2009 年浦西中心城区的古美、长春、蕴藻浜、西郊、瑞金、民和、泸定、广场和钢铁等 220kV 变电站主变压器负荷率超过了 70%,另外还有新江湾、复兴、武威等 220kV 变电站均不满足"$N-1$"标准。

随着上海浦西中心城区负荷和城市建设的进一步发展，其电网建设将面临以下问题：

（1）随着外环线以外负荷的迅速增长，原有 500kV 变电站的供电范围不断缩小，中心城区缺少足够的电源容量，迫切需要增加新的电源点。受地理条件限制，上海中心城区难以建设新的发电厂，只有闸北电厂具有较好的机组扩建条件，将 2 台 125MW 的燃油机组退役后，可扩建成装机容量为 3×400MW 的闸北丙站燃气电厂。由于受短路电流限制，新增的发电装机难以接入附近的 220kV 电网。因而，根据中心城区负荷分布情况，迫切需要建设 500kV 变电站以满足该片区域的电力需求。

（2）随着上海经济的高速发展和旧城区改造工作的逐步深入，上海中心城区的负荷将快速发展，相应需要建设多座 220kV 变电站以满足负荷增长的需要。同时，根据上海市中心城区 220kV 变电站的布点安排，从电源间隔来看，即使在现有电源点的能力都基本用尽的情况下，黄浦江以西、内环线内的地区和杨浦虹口地区仍缺少大量电源间隔。同时这些 220kV 中心站的供电能力已基本达到设计规模，无余力再向新建的 220kV 终端站供电。

此外，220kV 中心站由于进出线较多，占地面积较大，使得在中心城区建设 220kV 中心站难度越来越大，而浦东现有和规划的 220kV 中心站向浦西供电的能力有限，且供电电缆需要穿越黄浦江，实施难度和投资较大。

（3）由于城市建设发展的需要，要求外环线内的架空线逐步入地，因而架空线路将被电缆所替代。如果继续保持原有的输电方式，则由于 220kV 电缆的送电能力较小，为满足负荷发展的需要，市郊的电力将需要通过多回路大截面电缆向市区负荷供电，加大了工程量和施工难度。

因此，为了满足上海市中心东部地区日益增长的供电负荷和解决杨行分区电网的短路电流，必须尽早在浦西东部靠近市中心地区建设一座 500kV 变电站。为了解决中心地区用地紧张、站址选择困难、土地昂贵、征地拆迁费较高等问题，结合地区规划整体要求，为提高土地利用率、改善城市景观、优化城市环境，需要建设 500kV 地下变电站。

2.2　工程概况

2.2.1　站址概况

500kV 虹杨地下变电站站址位于上海市区东北部逸仙路以东、小吉浦河以西、三门路以南、政立路以北，紧贴三门路的一块基地上，行政区域为杨浦区，南面与虹口区交界，北面毗邻宝山。

本站址西侧贴邻上海市区东北部南北向主干道逸仙路高架桥，且有淞沪铁路与逸仙路相隔，东邻正文花园小高层住宅小区；南面为上海海螺水泥销售有限公司仓储分公司及江湾搅拌站，内有零星单层至三层砖混结构房屋、水泥筒仓、铁路专运线、水池、龙门吊车等；北侧隔三门路是非贸物品监管中心，分布有单层到四层房屋。另外小吉浦河靠近本站址的东北侧，河道边线离东侧用地界线最近处约为13m。变电站围墙中心线向东退让淞沪铁路铁轨轨道线中心10m，建筑物向北退让规划三门路红线约 8.7m。变电站用地范围南北方向长172m，东西方向临三门路基地北端较大处约为151m，南端较小处约为138.9m，用地面积24570m^2。站址区域鸟瞰图如图2-1所示。

图 2-1 站址区域鸟瞰图

根据上海电网规划和中心城区负荷发展以及本站地理位置条件，经过经济技术比较，500kV 虹杨变电站建设规模推荐如下。

主变压器：500/220/66kV、1500MVA，本期 2 组，远景 3 组；500kV 进线：本期 2 回，远景 3 回均为电缆进线；220kV 进出线：本期出线 14 回，远景 21 回均为电缆出线；66kV 无功补偿：每组变压器按 3×60Mvar 电抗器和 2×80Mvar 电容器组设置（远景）。

经过经济技术比较推荐 500kV 虹杨变电站本期 2 台主变压器采用 2 回 500kV 全电缆线路接入 500kV 杨行变电站。

电缆线路部分：$1 \times 2500mm^2$ 交联电缆；线路长度：$2 \times 16.6km$。全线电缆隧道敷设。

变电站工程建设规模如表 2-1 所示。

表 2-1   变电站工程建设规模

	最 终 规 模	本 期 规 模
主变压器容量	$3 \times 1500MVA$	$2 \times 1500MVA$
电压等级	500/220kV	500/220kV
500kV 接线	线路变压器组接线	线路变压器组接线
220kV 接线	双母线三分段，21 回出线	双母线双分段，14 回出线
无功补偿	$3 \times$（$3 \times 60Mvar$ 电抗器＋$2 \times 80Mvar$ 电容器）	$2 \times$（$3 \times 60Mvar$ 电抗器）

2.2.2 水文地质及水源条件

站址区域地下水丰富，潜水水位随河水的变化而变化，一般为 $1.00 \sim 1.50m$，其腐蚀性需要在下一阶段工作时做出评价。站区下卧深处有五个承压含水层，第一承压含水层埋深 20m 左右，对基坑的开挖有较大影响。因此对变电站的底板进行设计时，针对底板抗渗以及底板与地下连续墙交界面位置防渗漏需进行专项设计。此外由于基坑开挖较深，开挖时自身无法抵抗承压水的压力，施工过程中需采取有效措施保证基坑安全。另外，二、三、四承压含水层均具有开采价值，但由于变电站需水量甚小，可方便地从附近市政管网中取得，因此地下水的开采并无实际价值，只需注意区域内地表水位的变化及性质即可。

2.2.3 站址工程地质

1. 地形地貌

根据 DGJ08—11—2010《地基基础设计规范》，本站所处区域为滨海平原类地貌。

本站址地势平坦。站前道路三门路标高由西向东为 $3.41 \sim 4.91m$，为吉浦河三门路桥的上坡段，西侧与三门路相接处的逸仙路标高为 3.70m 左右（吴淞标高）。

2. 地层概况

该站址自然地坪以下 50m 深度范围地层状况如下：

（1）层杂填土：上部为水泥地坪，下部以黄黏性上土为主，常见厚度约2.70m。

（2）层褐黄-灰黄色黏土：很湿，可塑或软塑，含氧化铁斑点，顶板埋深约为1.60~2.40m，厚约1.70m。

（3）层灰色砂质粉土：松散到稍密，含云母、夹薄层黏性土，土质不均，可产生流砂现象，厚约3.40m。

（4）层灰色淤泥质粉质黏土夹黏质粉土：很湿、流塑，含云母，土质不均，厚约2.20m。

（5）层灰色淤泥质黏土：饱和、流塑，局部夹薄层黏性土，此层均布，厚约5.30m。

（6）层灰色黏土：很湿、流塑，夹砂质粉土，均布，厚度约4.90m。

（7）层灰色砂质粉土夹粉质黏土：饱和、稍密到中密，夹黏土，均布，厚度约12.30m。

（8）层粉质黏土：饱和，中密，含云母碎片，厚度约5.80m。

（9）草黄-灰色黏质粉土：中密到密实，含云母，夹薄层状黏性土，中/低压缩性，厚度约20.30m。

（10）灰色粉质黏土夹粉性土：可塑或中密，含云母、腐殖质，具交错层理，夹砂互层呈"千层饼"状，厚度约10.40m。

（11）青灰色粉细砂：中密到密实，砂粒自上而下变粗，低压缩性，强度高，厚度约14.50m。

（12）青灰色粉细砂：密实，夹砾石及黏性土透镜体，低压缩性，厚度未知。

2.3 数字化设计必要性

通过对工程概况的分析可知，由于是地下施工，地质结构复杂，该500kV地下输变电工程在施工中建设难度较大。为更好地实现对500kV地下输变电工程建设的管理，电力设计由传统二位设计转变为三维数字化协同设计是很有必要的。

（1）在500kV地下输变电工程设计施工中，提出BIM技术的思路，借助三维数字化设计平台，可以解决传统二维设计仅依靠设计师的空间想象力和基本制图技能完成空间设计的局限性，突出体现了使用三维数字化平台，对于变电站设计尤其是大型地下变电站详细布置方面的经济性和合理性。在协同设计平台中，可以实现建筑、结构、设备等各专业在一张图纸上绘图，即时查看设计成果，也可及时发现设计冲突问题，避免在施工过程中发生碰撞造成不必要的成本浪费。

（2）潘广路—逸仙路电力隧道工程施工工序复杂，参与建设单位众多，各种信息类型复杂、数据量大，必须保证及时信息共享和交互，这要求对施工现场的施工组织设计、施工进度计划、施工人员状态和交叉信息等众多资料进行高效且有序的管理和控制。因此，必须对施工过程中的安全状况进行严密监控。建议采用数字化设计，建立基于云端大数据、移动终端的电力隧道全寿命管理平台。

基于 IFC 标准的超高压地下输变电工程数字化设计

3.1 设计背景

目前，基于 IFC（industry foundation class，建筑对象的工业基础类）数据格式的建筑信息模型标准已被广泛应用于各种建筑工程中。应用发现，现有的 BIM 标准基本上都是面向民用建筑领域，缺乏针对基础市政工程，特别是电力设施等专业工程领域的标准，这给 BIM 在电网建设工程领域的全面推广带来不可逾越的障碍。此外，目前市场上的三维数字化平台缺乏统一的模型格式标准，基本上全部采用自主开发的格式，很难做到模型信息的有效复用。因此，BIM 在超高压地下输变电工程数字化设计中的应用，主要着眼于建立基于 IFC 国际格式标准的数字化平台，与国际标准的接轨，建议具有统一数据模式的电力设施信息化平台。

另外，在当前应用的数字化平台中，大多数模型只有几何形体信息和地理位置信息，缺乏相应的属性信息，如模型设备信息和其他各种专业属性信息，以及运营维护和管理信息等。因此，在超高压地下输变电工程数字化设计中，拟建立与电力行业 IFC 标准相对应的模型属性数据库，并实现与三维模型的关联。此外，鉴于当前使用的信息平台大都是基于单机或者有限的服务终端进行模型和信息共享，因此本项目的另一个重要目标是实现基于互联网的 BIM 模型和数据库访问机制。

采用 3DGIS＋BIM 信息融合和技术集成这一国际前沿技术，基于 IFC 标准和三维地理空间信息平台的集成应用思想和技术方法进行数字化平台架构设计，构建基于 B/S 网络架构的电力设施 BIM 应用网络环境，整合空间地理信息资源、电力基础设施 BIM 模型与属性数据资源，实现电力设施的展示、查询、检索、定位、安全管理等功能，形成一套完善的电力基础设施三维可视化综合应用系统。

3.2 采用 IFC 标准和 BIM 技术的技术路线和技术难点

在超高压地下输变电工程数字化设计中，以基于 IFC 标准构建能够解析电力设施 IFC 语义的三维数字化平台为重点，在此平台上能够集成 GIS 和 BIM 模型数据，从而实现基于网络结构的三维电力设施信息集成数字化信息平台，具体包括以下几个方面：

（1）电力行业 IFC 标准的数据识别。全面研究现有主流 IFC 标准的总体框架和各层面的信息组成，以及 EXPRESS 语言的语法结构，获得对于现有 IFC 标准的数据识别能力。然后通过对比和解析，了解电力行业 IFC 标准与现有 IFC 标准的异同，最终达到可以读取电力行业 IFC 标准文件。

（2）建立基于互联网的模型展示和属性查询。对 Direct X 和 Open GL 和网络图像及信息传输技术进行研究，获得基于互联网的三维模型展示和属性查询技术实现路线。主要研发内容包括：①基于 IFC 格式的三维数字化模型导入和可视化；②基于局域网络的模型数据传输；③通过搜索引擎对三维数字化模型进行精确定位浏览；④电气设备信息的综合监管，包括查看系统、设备基本信息、属性等，以及运行状态查询、历史运行数据的查看等。

（3）建立基于 IFC 的数字化平台。设计并建立一个能兼容所有遵循 IFC 标准数据格式的三维模型的数字化展示平台，实现基于 IFC 格式的三维数字化模型的导入和浏览；实现基于局域网络的模型数据传输；实现本地三维数字化模型的浏览、漫游、巡视和旋转等；实现对电气设备信息的综合查看和监管。

3.2.1 技术路线

（1）电力行业模型的数据结构与三维建模技术。采用面向对象的思想进行城市三维可视化的数据结构与数据模型的设计，设计出一种面向对象的 3D 数据结构。在此基础上，综合利用基于图形和基于图像的建模技术，进行变电站等三维实体模型的重建。

（2）三维场景生成技术。通过有效地组织利用面向对象的 3D 数据结构进行重建的实体模型，构建具有高度真实感的三维景观，并利用图形和图像的 LOD 技术提高场景渲染速度，改善系统性能。

（3）数字化数据库的建立。采用面向对象技术，在现有的关系型数据库基础上，提出一种面向对象数据库的设计方案，将空间数据利用面向对象技术进行组织，而属性数据则利用关系型数据库（如 SQL SERVER）进行管理，建立一种高效的面向对象数据库系统，以便对电网的空间和属性数据进行有效管理。

（4）基于数字城市三维景观的信息查询。研究三维景观在二维平面上的投影变换，实现在三维场景的漫游过程中，获取三维景观中实体对象的空间坐标。在获取坐标的基础上实现从图形到属性以及从属性到图形的双向查询，并实现一些基本空间的分析算法。

（5）三维数字可视化与信息查询系统。根据这些理论研究成果，建立一个功能较强、性能稳定并基于互联网的电力信息查询系统。

3.2.2　技术难点

1. 基于图形的三维重建技术

综合利用 CSG 与 B-Rep 方法对变电站及周边构筑物等复杂地形和物体进行模型重建。

体素：用有限个三角而来拟合的简单几何体。如长方体、圆柱体、圆锥体、棱柱体等，如图 3-1 所示。拟合三角面的数量根据几何体表达的精细程度而定。

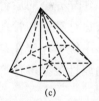

(a)　　　　　　　　(b)　　　　　　　　(c)

图 3-1　用有限个三角拟合的简单几何体

（a）长方体；（b）圆柱体；（c）圆锥体

对于地下变电站等建筑，不仅外形各异，而且内部的设备和管线也千变万化，无法采用一个通用的几何模型来表达所有的建筑构件和设备构件。通过研究各种电力行业的设备和建筑物类型，总结出几种基本的建筑或设备单元，然后根据其不同的外形特点分别对每一类建筑或设备单元采用不同的数据模型。

2. 大容量模型三维绘制的加速技术

尽管目前的三维图形硬件越来越快，终究还是有数据搬运与处理的上限。对于一个数据量庞大的变电站模型来说，图形硬件对数据处理的限制基本上决定了场景的品质。为了改善场景绘制的品质，必须在现有硬件水平的基础上，开发相应的加速绘制算法，这才是较为可行的解决方案。

因此，拟采用基于视点远近和可见面的冗余数据拣选算法，主要包括物体拣选、背向面剔除和细节层次三个方面的技术研究。此算法的基本思路为：为提高场景的渲染速度和渲染品质，系统只需要处理那些对于视点来说可见的多边形，将并不可见的多边形拣选出来，停止对它进行计算处理，从而大大减少系统需要处理的数据量，提高显示质量。

3. 数字化数据库的建立

根据需要，数据库中存储和管理的数据主要包括以下几种：

（1）DEM 数据：用于描述地形起伏形态和进行三维显示。

（2）纹理影像数据：包括遥感数据和地面摄影影像以及其他用于纹理映射的位图数据。

（3）GIS 原始矢量数据：原有 ZDGIS 数据转换后的数据。

（4）空间实体对象数据：进行三维重建后的实体数据。

（5）属性数据：包括各种空间数据的属性数据。

（6）元数据：元数据是有关数据的数据。它是对一个数据集的内容、质量、状况和其他特性的描述性数据。

通过拟建立完整的后台数据库，其中包含有多个表，不同类型的数据由不同的数据表进行存储和管理。在数据入库时将基本数据的每个表都定义唯一的主键，将该主键值存储在参考表中，通过参考表来定义各表之间的数据约束，并对模型的属性数据进行管理和分析。

3.3 BIM 理论与 IFC 标准介绍

3.3.1 BIM 理论和实现方法

建筑信息模型（BIM），是指通过数字信息仿真模拟建筑物所具有的真实信息，在这里，信息的内涵不仅仅是几何形状描述的视觉信息，还包含大量的非集合信息，如材料的耐火等级、材料的传热系数、构建的报价、采购信息等。实际上，BIM 就是通过数字化技术，在计算机中建立一座虚拟建筑，一个建筑信息模型就是提供了一个单一的、完整一致的、有逻辑的建筑信息库。

BIM 的技术核心是一个由计算机三维模型所形成的数据库，不仅包括了建筑师的设计信息，而且可以容纳从设计到建成使用，甚至是使用周期中介绍的全过程信息，并且各种信息始终是建立在一个三维模型数据库中。BIM 可以持续及时地提供项目设计范围、进度以及成本信息，这些信息完整可靠并且完全协调。建筑信息模型能够在综合数字环境中保持信息不断更新并且可提供访问，使建筑师、工程师、施工人员以及业主可以清楚全面地了解项目，这些信息在建筑设计、施工和管理的过程中能促使加快决策进度、提高决策质量，从而使得项目质量提高，收益增加。

关于 BIM 标准的解释，美国国家 BIM 标准给出了较为完整的含义：包含项目的物理和功能特性的数字表达；是一个共享的知识资源；为工程从概念开始的全生命周期的所有决策提供可靠的依据；支持反映各个子系统的协同作业。

BIM 具有以下五个主要特点。

1. 可视化

可视化即"所见所得"的形式，对于建筑行业来说，可视化的运用在建筑业的作用是非常大的，例如经常拿到的施工图纸，各个构件的信息只是在图纸上采用线条绘制表达，但是其真正的构造形式就需要建筑业参与人员去自行想象了。对于一般简单的东西来说，这种想象也未尝不可，但是近几年的建筑形式各异、造型复杂，光靠人脑去想象并不现实。所以 BIM 提供了可视化的思路，让人们将以往线条式的构件形成一种三维的立体实物图展示在人们面前；建筑业也有在设计方面出效果图的，但是这种效果图是分包给专业的效果图制作团队，他们对线条式信息进行识读设计制作出来的，并不是通过构件的信息自动生成的，缺少了同构件之间的互动性和反馈性，然而 BIM 提到的可视化是一种能够在同构件之间形成互动性和反馈性的可视，在 BIM 建筑信息模型中，由于整个过程都是可视化的，所以可视化的结果不仅可以用来展示效果图和生成报表，更重要的是，项目设计、建造、运营过程中的沟通、讨论、决策都在可视化的状态下进行。

2. 协调性

协调性是建筑业中的重点内容，不管是施工单位、业主还是设计单位，都在做着协调及相配合的工作。一旦在项目的实施过程中遇到了问题，就要将各有关人士组织起来开协调会，查找各施工问题发生的原因及解决办法，然后做出设计变更，做相应补救措施等。在设计时，往往由于各专业设计师之间的沟通不到位，而出现各种专业之间的碰撞问题，例如暖通等专业在进行管道布置时，由于施工图纸是绘制在各自的施工图纸上的，真正施工过程中，可能在布置管线时正好在此处有结构设计的梁等构件妨碍着管线的布置，这种就是施工中常遇到的碰撞问题，像这样的碰撞问题的协调解决就只能在问题出现之后再进行吗？BIM 的协调性服务可以帮助处理这种问题，也就是说 BIM 建筑信息模型可在建筑物建造前期对各专业的碰撞问题进行协调，生成协调数据并提供出来。当然 BIM 的协调作用也并不是只能解决各专业间的碰撞问题，它还可以解决例如电梯井布置与其他设计布置及净空距离要求之间的协调，防火分区与其他设计布置之间的协调，地下排水布置与其他设计布置之间的协调等。

3. 模拟性

模拟性并不是只能模拟设计出建筑物的模型，BIM 模拟性还可以模拟不能在真实世界中进行操作的事物。在设计阶段，BIM 可以针对设计需要进行模拟实验，例如节能模拟、紧急疏散模拟、日照模拟、热能传导模拟等；在招投标和施工阶段可以进行 4D 模拟（三维模型加项目的发展时间），也就是根据施工的组织设计模拟实际施工，从而来确定合理的施工方案来指导施工；同时还可以进行 5D 模拟（基于 3D 模型的造价控制），从而来实现成本控制；后期运营阶段可以模拟日常紧急情况的处理方式的模拟，例如地震人员逃生模拟和火灾人员疏散模拟等。

4. 优化性

事实上整个设计、施工、运营的过程就是一个不断优化的过程，当然优化和 BIM 也不存在实质性的必然联系，但在 BIM 的基础上可以做更好的优化。优化受信息、复杂程度和时间的制约。没有准确的信息就做不出合理的优化结果，BIM 模型提供了建筑物实际存在的信息，包括几何信息、物理信息、规则信息，还提供了建筑物变化以后的实际存在。复杂程度高到一定程度，参与人员本身能力有限，无法掌握所有的信息，必须借助一定的科学技术和设备的帮助。现代建筑物的复杂程度大多超过参与人员本身的能力极限，BIM 及与其配套的各种优化工具提供了对复杂项目进行优化的可能。基于 BIM 的优化可以做下面的工作：

（1）项目方案优化。把项目设计和投资回报分析结合起来，设计变化对投资回报的影响可以实时计算出来；这样业主对设计方案的选择就不会主要停留在对形状的评价上，而更多的可以使得业主知道哪种项目设计方案更有利于自身的需求。

（2）特殊项目的设计优化。例如裙楼、幕墙、屋顶、大空间到处可以看到异型设计，这些设计看起来占整个建筑的比例不大，但是占投资和工作量的比例和前者相比往往要大得多，而且通常也是施工难度比较大和施工问题比较多的地方，对这些内容的设计施工方案进行优化，可以带来显著的工期和造价改进。

5. 可出图性

BIM 并不是为了出大家日常多见的，像建筑设计院所出的建筑设计图纸，及一些构件加工的图纸，而是通过对建筑物进行可视化展示、协调、模拟、优化以后，可以帮助业主出如下图纸：

（1）综合管线图（经过碰撞检查和设计修改，消除了相应错误以后）。

（2）综合结构留洞图（预埋套管图）。

（3）碰撞检查侦错报告和建议改进方案。

在建筑工程中，BIM 设立了一个统一的技术平台。在整个生命周期中，建筑产品的物理特性与功能综合性极高，任何一个专业的修改或变更都会影响到其他专业。从宏观上看，建筑设计、结构设计和设备设计的设计成果无法一次性拼装成功。从微观上看，以设备设计为例，给排水、暖通、空调、电气等设备设计都由专业的软件完成。设计阶段的整合工作以及设计变更管理工作面临多专业多层次的矛盾。

BIM 基于 IFC 标准实现了各设计专业协同工作。建筑师、结构师、设备师可以共享必要的那部分数据或信息，在进行设计及变更时所有产生矛盾被置于一个平台上，如此更利于沟通、协调、整合，大大提高了完善设计方案的效率。

3.3.2 IFC 标准介绍

1. IFC 标准简介

工业基础类（IFC）标准是互操作性国际联盟（international alliance of interoperability，IAI）组织制定的建筑工程数据交换标准。这里重点说明一下 IFC 标准的几个特性：① IFC 标准是公开的，任何感兴趣的个人和团体都可以下载相关文档阅读；② IFC 标准是面向建筑工程领域的，主要是工业与民用建筑，也有科研团体在做着向其他领域扩展 IFC 的努力，例如桥梁工程；③ IFC 是一个数据交换标准，用于异构系统交换和共享数据。

在超高压地下输变电工程项目中，当需要多个软件协同完成任务时，不同系统之间就会出现数据交换和共享的需求。这时，工程人员都希望能将工作成果（这里就是工程数据），从一个软件完整地导入到另外一个软件，这个过程可能反复出现。如果涉及的软件系统很多，这将是一个很复杂的技术问题。如果能有一个标准、公开的数据表达和存储方法，每个软件都能导入/导出这种格式的工程数据，问题将大大简化，而 IFC 就是这种标准、公开的数据表达和存储方法。

2. IFC 的信息描述

IFC 标准的当前版本（IFC2x3）包含 600 多个实体定义，300 多个类型定义，所以没有一个好的引导，将会很快迷失其中而难以理解。IFC 标准整体的信息描述分为四个层次，从下往上分别为资源层、核心层、共享层、领域层。每个层次又包含若干模块，相关工程信息集中在一个模块里描述，例如几何描述模块。在 IFC 标准的定义中，尽量避免下一层引用上一层的定义，例如资源层的信息描述不会引用领域层的信息描述，这样避免由于上层的改动影响整体结构。资源层里多是基础信息定义，例如材料、几何、拓扑等；核心层定义信息模型的整体框架，例如工程对象之间的关系、工程对象的位置和几何形状等；共享层定义跨专业交换的信息，例如墙、梁、住、门、窗等；领域层定义各自领域的信息，例如暖通领域的锅炉、风扇、节气阀等。IFC 信息描述的层次如图 3-2 所示。

3. IFC 的信息获取

从技术方法上分，IFC 信息获取可以有两种手段：①通过标准格式的文件交换信息；②通过标准格式的程序接口访问信息。在实际应用中，方法①即通过文件交换是主流，特别是中性文件格式，目前 XML 文件用得还很少。

中性文件是一种纯文本文件格式,用普通的文本编辑器就可以查看和编辑。文件以"ISO-10303-21；"开头，以"END-ISO-10303-21；"结束，中间包括两个部分：一个文件头段和一个数据段。文件头段以"HEADER；"开始，以"ENDSEC；"结束，里面包含了有关中性文件本身的信息，例如文件描述、使用的 IFC 标准版本等。数据段以"DATA；"开始，以"ENDSEC；"结束，里面包含了要交换的工程信息。

4. IFC 的数据组织方法

每种文件格式都会用一种方式将工程数据分解为可管理的子集，便于数据组织和查找。IFC 标准选用空间结构的方式来组织和管理工程模型数据。

在 IFC 标准中将夺间结构分为四个层次，分别是场地、建筑、楼层、空间。理论的方式是：一个项目包含若干场地、场地包含若干建筑、建筑包含若干楼层，而建筑楼层包含各种建筑构件。实际应用当中，项目往往直接包含若干建筑，建筑也可以不包含楼层，建筑构件直接包含在建筑中。IFC 的这种空间结构表达方法，适合于绝大多数专业和工程任务。针对电力系统这样特殊的工程，可以在这个框架下面加入特征性层次来扩充 IFC 标准的应用范围。

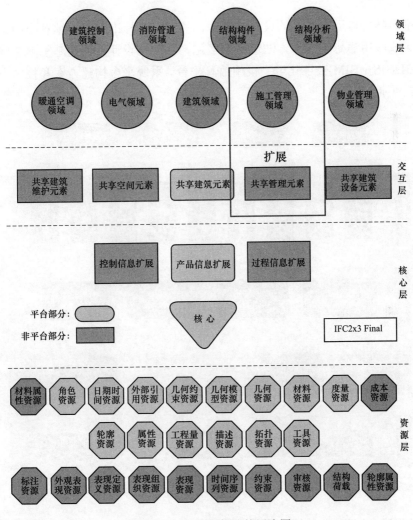

图 3-2　IFC 信息描述的层次图

3.4　标准化数字平台的构架设计

在超高压、特高压输变电工程的设计中采用 3DGIS＋BIM 信息融合和技术集成这一国际前沿技术，基于 B/S 架构搭建 BIM 应用网络环境，整合空间地理信息资源、电力基础设施 BIM 模型与属性数据资源，实现电力设施的展示、查询、检索、定位、安全管理等功能，形成一套完善的电力基础设施三维可视化综合应用系统。

平台架构以面向服务的设计为理念，基于 IFC 标准和三维地理空间信息平台的集成应用思想和技术方法进行数字化平台架构设计，构建基于 B/S 网络架构的 3DGIS＋BIM 数字化电力设施信息平台。系统平台构建方案和技术方法如图 3-3 所示。

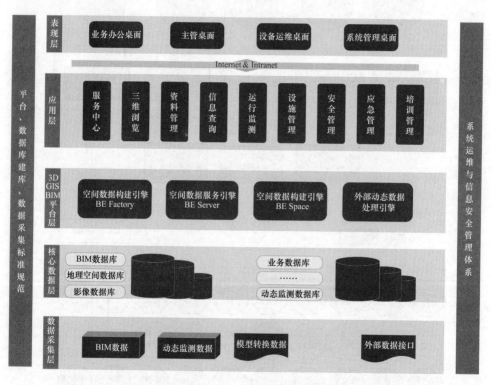

图 3-3 系统平台构建方案和技术方法

3DGIS＋BIM 公共平台采用四层架构，由数据采集层、核心数据层、3D GIS＋BIM 平台层、应用层（表现层）组成。

数据采集层：主要包括人工录入和数据采集系统集成，包含了地理空间信息、BIM 模型与属性信息、各类传感器、二维码等外部采集系统获取的信息等。

核心数据层：构建了基于 IFC 标准支撑的数据库设计，采用属性和几何形体组合的方式实现项目所有数据信息按时间（包括了版本信息）管理。

3DGIS＋BIM 平台层：包含了底层核心数据引擎、网络服务引擎、基础地理空间信息，以及面向服务的二次开发接口和控件等。

应用层：在数据采集、BIM 数据库、系统平台与二次开发接口的支持下，根据项目的需要，完成各种应用开发。

网络环境构建方案和技术方法如图 3-4 所示。在构架设计中，主要进行相关技术方案的研究工作，特别是对 IFC4 标准进行研究整理，明确其层次和逻辑组织关系。研究其总体框架和各层面的信息组成，以及 EXPRESS 语言的语法结构，获得对于现有 IFC 标准的数据识别能力。然后通过对比和解析，了解电力行业 IFC 标准与现有 IFC 标准的异同，最终达到可以读取电力行业 IFC 标准文件。在此基础上进行需求分析，然后进行系统平台架构体系和功能分析。主要难点在于系统总体架构的设计布局及其优化。

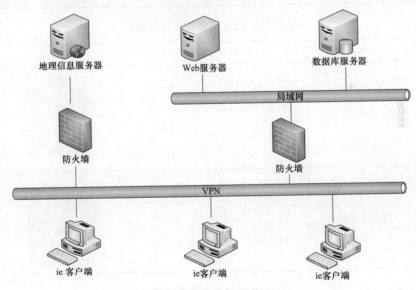

图 3-4　网络环境构建方案和技术方法

3.5　大数据三维场景生成及渲染显示技术

在超高压地下输变电工程中，不仅外形各异，而且内部的设备和管线也千变万化，无法采用一个通用的几何模型来表达所有的建筑构件和设备构件。本书的关键技术之一，即是总结归纳各种电力行业的设备和建筑物类型，总结出几种基本的建筑或设备单元，然后根据其不同的外形特点分别对每一类建筑或设备单元采用不同的数据模型。变电工程中一些典型电力设施 BIM 数据结构及其模型如表 3-1～表 3-4 所示。

表 3-1　　　　　　　　　　排管、管线 BIM 数据结构及其模型

序号	构件类别	外形细节	细节示意图
1	标准排管	管缆支架布置	
2	隧道管线	电缆支架布置	

表 3-2　　　　　　　　　　隧道工井 BIM 数据结构及其模型

序号	构件类别	外形细节	细节示意图
1	直通隧道工井	（1）排管接口； （2）投料口、入口； （3）风包； （4）楼梯（不可见）	
2	柱形隧道工井	（1）排管接口； （2）投料口、入口； （3）风包； （4）楼梯	

表 3-3　　　　　　　　　　工井 BIM 数据结构及其模型

序号	构件类别	外形细节	细节示意图
1	直通工井	（1）排管接口； （2）集水坑、拉环坑（不可见）； （3）投料口、入口； （4）电缆支架布置； （5）吊攀、扁铁布置	

序号	构件类别	外形细节	细节示意图
2	三通工井	（1）排管接口； （2）集水坑、拉环坑（不可见）； （3）投料口、入口； （4）电缆支架布置（不可见）； （5）吊攀、扁铁布置	
3	四通工井	（1）排管接口； （2）集水坑、拉环坑（不可见）； （3）投料口、入口； （4）电缆支架布置（不可见）； （5）吊攀、扁铁布置	
4	直角工井	（1）排管接口； （2）集水坑、拉环坑（不可见）； （3）投料口、入口； （4）电缆支架布置； （5）吊攀、扁铁布置	
5	转角工井	（1）排管接口； （2）集水坑、拉环坑（不可见）； （3）投料口、入口； （4）电缆支架布置（不可见）； （5）吊攀、扁铁布置	
6	特殊工井	（1）排管接口； （2）集水坑、拉环坑（不可见）； （3）投料口、入口； （4）电缆支架布置； （5）吊攀、扁铁布置	
7	改造工井	（1）排管接口； （2）集水坑、拉环坑； （3）投料口、入口； （4）电缆支架布置； （5）吊攀、扁铁布置	

表 3-4　　　　　　　　　　　各电气设备 BIM 数据结构及其模型

序号	构件类别	外形细节	细节示意图
1	变压器	其可分为 12 部分： （1）储油柜； （2）支架； （3）水泵组； （4）热交换器； （5）主要管道； （6）接口； （7）套管； （8）有载/无载开关； （9）吊耳及支座； （10）散热器； （11）主变压器本体； （12）接线金具	
2	GIS	其可分为 7 部分： （1）底座； （2）支架； （3）集中控制柜； （4）热交换器； （5）通管； （6）共箱母线； （7）GIS 间隔主体	
3	开关柜	其可分为 3 部分： （1）开关柜柜体； （2）开关柜铭牌； （3）开关柜面板	
4	低压电容器	其可分为 6 部分： （1）金属框架； （2）导电板； （3）接线金具； （4）支柱瓷件； （5）电容器主体； （6）底座及支座	
5	低压电抗器	其可分为 4 部分： （1）支座； （2）吊耳； （3）低压电抗器本体； （4）接线金具	

序号	构件类别	外形细节	细节示意图
6	隔离开关	其可分为 7 部分： （1）锁钩； （2）导电板； （3）接线金具； （4）支柱瓷件； （5）相间联动拉杆； （6）有载/无载开关； （7）底座及支座	
7	接地变压器	其可分为 10 部分： （1）储油柜； （2）支架； （3）主要管道； （4）接口； （5）套管； （6）有载/无载开关； （7）吊耳及支座； （8）散热器； （9）主变压器本体； （10）接线金具	
8	接地电阻	其可分为 4 部分： （1）接线金具； （2）绝缘套筒； （3）接地电阻柜； （4）支架及底座	
9	电阻电容吸收装置	其可分为 4 部分： （1）金属接线； （2）绝缘套筒； （3）阻容吸收主体； （4）底座	
10	避雷器	其可分为 4 部分： （1）接线盖板； （2）绝缘套筒； （3）均压环； （4）绝缘底座	

序号	构件类别	外形细节	细节示意图
11	电流互感器	其可分为 4 部分： （1）互感器； （2）绝缘套筒； （3）远端模块； （4）底座	
12	支柱绝缘子	其可分为 4 部分： （1）铁帽； （2）连接金具； （3）底座； （4）绝缘套筒	
13	熔断器	其可分为 4 部分： （1）支架； （2）高强度绝缘子； （3）底座； （4）接线端子	
14	预制式导体	其可分为 2 部分： （1）GIB 通管； （2）法兰接盘	
15	导体	其可分为 5 部分： （1）避雷带； （2）接地干线； （3）避雷针； （4）垂直接地体； （5）防水管	
16	电力电缆	电缆主体	
17	电力电缆终端	电力电缆接线头	

序号	构件类别	外形细节	细节示意图
18	带电显示器	其可分为 2 部分： （1）带电显示器主体； （2）带电显示器面板	
19	端子箱	其可分为 4 部分： （1）端子箱主体； （2）端子箱面板； （3）把手； （4）标识铭牌	
20	电压互感器	其可分为 4 部分： （1）互感器； （2）支架	
21	断路器	其可分为 4 部分： （1）灭弧室； （2）支柱瓷套； （3）操动机构； （4）支架	
22	接地开关	其可分为 4 部分： （1）接地刀杆； （2）静触头； （3）支柱绝缘子； （4）底座	
23	穿墙套管	其可分为 3 部分： （1）瓷件； （2）安装法兰； （3）导体	
24	避雷针	避雷针	
25	消弧线圈	消弧线圈柜	
26	放电间隙	放电间隙	
27	绝缘子串	绝缘子串	

3.6 三维 GIS 与 BIM 信息集成技术

基于国际前沿的 3DGIS＋BIM 信息集成技术，实现电气设备信息的综合监管，包括系统、设备基本信息、属性等的查看，运行状态查询、历史运行数据的查看等；设计并建立一个能兼容所有遵循 IFC 标准数据格式的三维模型的数字化展示平台，实现基于 IFC 格式的三维 BIM 模型在 3DGIS 平台的导入和浏览；实现基于局域网络的三维地理信息和 BIM 模型数据传输；实现本地三维数字化模型的浏览、漫游、巡视和旋转等；实现对电气设备信息的综合查看和监管。

3.7　基于 B/S 架构的网络平台实现

采用 B/S 架构体系，对 Direct X、Open GL、网络图像及信息传输技术进行了研究，获得基于互联网的三维地理信息和 BIM 模型的集成展示和属性查询技术。构建基于 B/S 架构的输变电工程 IFC 三维数字化平台，其界面如图 3-5～图 3-8 所示。

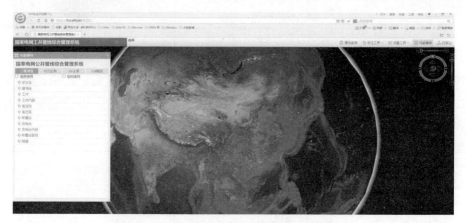

图 3-5　基于 B/S 架构的三维数字化平台界面

图 3-6　基于 GIS 的电网设施界面

图 3-7　三维数字化平台中的地下排管和变电站 BIM 模型界面

图 3-8　三维数字化平台中的变电站 BIM 模型界面

本章小结

　　基于国际通用 IFC 标准，采用国际前沿的 3DGIS+BIM 集成技术，构建了超高压输变电工程三维数字化平台。该平台具有良好的可视化效果、便捷的可操作性和强大的数据管理能力，能够为国网电力工程的设计、施工、运营的数字化建设提供坚实的系统平台支撑。对今后智能电网建设具有指导借鉴作用，可提高电网建设投资效益和效率。

该研究成果为智能电网建设领域提供了新的理论和应用平台，真正实现了3DGIS＋BIM 的无缝对接与信息无损集成，以及从全球到局部、从地面到地下、从三维地形到三维建筑、从室外到室内、从静态目标到动态目标、从单项目管理到多项目管理、从单系统应用到多系统综合集成应用。

　　通过试点工程应用实践表明，该项目的研究成果具有广泛的应用价值，会取得良好的社会和经济效益。该数字化平台基于国际 IFC 标准，因而能够支持电力工程项目从酝酿、规划、设计，到施工、运维、改拆全生命周期中的应用，支持电力设施规划、设计、施工、运维等各个阶段的 BIM 应用。

基于云端大数据和移动终端的
超高压地下输变电工程设计

4.1 设计背景

潘广路—逸仙路电力隧道是连接现有 500kV 杨行变电站和规划 500kV 虹杨变电站的电力电缆关键通道。该电力隧道工程是为了配合上海市重大工程的建设，发展上海城区内电力电缆隧道网络规模而进行的电力隧道工程。该工程线路全长约 14.36km，采用盾构法和顶管法施工工艺，共设 15 座工作井，部分线路位于市中心位置，全程必须对重要结构多次穿越。

该工程施工工序复杂，参与建设方众多，各种信息类型复杂、数据量大，必须保证及时信息共享和交互，这要求对施工现场的施工组织设计、施工进度计划、施工人员状态和交叉信息等众多资料进行高效且有序的管理和控制。同时，电力隧道工程施工复杂，具有较大难度和投资巨大，且在具体施工过程中需及时调整，稍有闪失，不但会给国家财产带来巨大的经济损失，而且还将给人民的生命安全带来极大的危害，因此，必须对施工过程中的安全状况进行严密监控。

4.2 建立电力隧道全寿命管理平台的技术内容与技术难点

基于云端大数据、移动终端的电力隧道全寿命管理平台的研发目标是：解决工程项目在施工过程中工程施工工序复杂，参与建设单位众多，各种信息类型复杂、数据量大等因素导致的工程信息管理难度大、效率低，工程施工安全隐患大，运营难度大等问题，实现对工程项目安全、进度、质量的信息化管理与协调，优化整体工程的资源配置，提高工程实施效果和管理效率。

根据电力隧道工程施工的实际特点，将工程模型与工程文件相关联，结合对施工现场硬件设备的管理，并引进游戏开发平台对模型的相关处理技术，对工程施工中的安全等问题给出有效的解决方案。

4.2.1 技术内容

（1）全寿命管理平台构架研究。包括系统架构组成；建筑信息模型创建及碰撞检查；管理系统应用软件开发；平台使用的管理制度研究。

（2）数字化工程管理系统功能模块的开发。包括安全控制模块开发；质量控制模块开发；进度控制模块开发；文明施工模块开发；档案信息管理模块开发。

（3）全寿命健康监测系统功能模块的开发。包括实时监测模块开发；成果管理模块开发。

（4）手机和平板电脑终端应用软件开发。包括手机 APP 和平板电脑终端应用软件；手机短信。

（5）电力隧道全寿命管理平台的关键技术研究。包括深基坑施工控制点研究；顶管、盾构法施工的控制点研究；地下密闭空间数据采集、无线传输技术研究；电力隧道电子化档案标准化研究。

4.2.2 主要技术难点

（1）建筑信息模型数字化建模的巨大工作量问题。
（2）隧道内人员定位的问题。
（3）大数据的处理问题。

4.3 全寿命管理平台架构研究

4.3.1 全寿命管理平台系统架构组成

全寿命管理平台系统架构组成如图 4-1 所示。

4.3.2 建筑信息模型创建及碰撞检查

1. 单位与坐标

各专业模型均应使用统一的单位与度量制。BIM 工程单位与度量制设定均遵守以下原则：

（1）长度基本单位为毫米（mm），用于显示尺寸精度；BIM 模型进行初始建模和格式转换时，均需满足与实体物体 1:1 等比例要求。

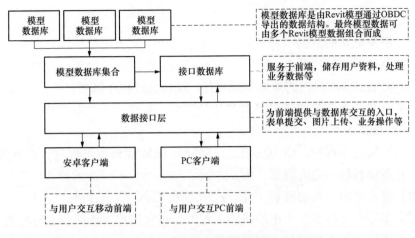

图 4-1　全寿命管理平台系统架构组成

（2）设计参数、管理参数等非长度参数，单位规定以合约规范及专案需求为优先。依专业不同，采用的单位也有所不同，详见各专业参数标准。

（3）2D 输入/输出档案应遵循特定类型的工程图规定的单位与度量标准。

（4）单个站点应采用相对标高，±0.000 即为坐标原点 Z 轴坐标点。

（5）同一项目的各专业 BIM 模型应使用唯一的全局原点和坐标系，不同项目间的协同应以 GIS 坐标系（即上海城市坐标系统和吴淞高程系统）为准。

（6）在 BIM 模型中标识全局原点的位置及全局原点的 GIS 坐标值（即上海城市坐标值和吴淞高程值）。

（7）对于不同项目间的协同，正确建立"地理正北"与"项目正北"之间的关系。

2．模型拆分原则

综合考虑硬件和软件性能，输变电工程的 BIM 模型拆分建议遵循以下原则：拆分后模型可根据项目需要通过建立单独的数字化模型文件，或建立单独的工作集等方式进行区分和标记；同一工程中模型的拆分层级应保持一致。

本工程为电力隧道工程，模型拆分原则为：按区段、按系统、按子系统、按照每两个接头之间区段进行分段。

为保障 BIM 模型信息的后续应用和维护，除装配式建筑及地下建筑的连续墙以外，土建工程的墙体、柱、管井等跨楼层构件均需按照楼层分段建模。

3．建模依据

（1）初始建模的数据来源包括：施工图纸；设备厂家样本；相关标准、规范；其他特定要求。

（2）模型更新的数据来源包括：设计变更单、变更图纸等设计文件；相关标准、规范；其他特定要求。

（3）模型信息和属性的数据来源包括：设计参数和计算书；设备厂家样本；运行单位管理要求；其他特定要求。

4. 建模范围

在电缆线路工程中，电力隧道工程部分的 BIM 建模范围应包含以下内容：

（1）系统名称：电力隧道工程。

（2）设备名称：直通隧道工井、柱形隧道工井、隧道管道。

在本工程中，除了以上电缆线路工程的建模范围外，还应包含环境的大场地、地上建筑、地下管线和土层的建模。

5. 构件命名及注释标准

墙的构件命名及注释标准如表 4-1 所示。

表 4-1　　　　　　　　　　　　墙的构件命名及注释标准

	墙	
1	类别关键字	WAL
2	设备类型	WAL（WALL）墙
3	所属系统	ARC 建筑（Architecture）、STR 结构（Structure）
4	种类	ASS 内建族（普通墙在 Revit 中为系统族建模）、ASE 装配式建筑墙（assembly）
5	规格	AUT 外装配式墙（autoside wall）INT 内装配式墙（interior wall）
6	尺寸	200 代表墙厚
7	版本	00 代表厂家修改版本流水号，根据设备每次订货外形细微修改划分

示例：
墙—建筑墙—装配式建筑墙—外装配式建筑墙—版本
WAL-ARC-ASS-AUT-200-01

梁的构件命名及注释标准如表 4-2 所示。

表 4-2　　　　　　　　　　　　梁的构件命名及注释标准

	梁	
1	类别关键字	GIR
2	设备类型	GIR（girder）梁

梁		
3	所属系统	ARC 建筑（Architecture）、STR 结构（Structure）
4	种类	CON 混凝土梁（concrete）、STE 钢梁（steel）
5	规格	HTY H 形梁（H type）、ANG 角钢梁（angle）、REC 矩形梁（rectangular）、CHA 槽钢梁（channel）、LTY L 型钢梁（L type）、TTY T 型钢梁（T type）、ROU 圆钢梁（round）
6	尺寸	400-150：代表混凝土矩形梁的高—宽 300-150-6-8：代表 H 形梁的高—宽—腹板厚度—翼缘厚度 300-150-6：代表矩形钢梁的高—宽—厚度 200-70-6-11：代表槽钢梁的高—宽—腰厚度—平均腿厚度 100-7：代表角钢梁的宽—边厚度 300-100-13-9：代表 L 形钢梁高—宽—短边厚度—长边厚度 200-100-6-11：代表 T 形钢梁高—宽—腹板厚度—翼缘厚度 300-6：代表圆形钢梁直径—壁厚度
7	版本	00 代表厂家修改版本流水号，根据设备每次订货外形细微修改划分

示例：
梁—结构梁—钢梁 H 形梁—高—宽—腹板厚度—翼缘厚度—版本
GIR-STR-STE-HTY-300-150-6-8-01

楼板的构件命名及注释标准如表 4-3 所示。

表 4-3 楼板的构件命名及注释标准

楼 板		
1	类别关键字	FLO
2	设备类型	FLO（FLOOR）楼板
3	种类	ASE 装配式楼板（assembly）、MPT 整体浇筑式楼板（monolithic pouring type）
4	楼层	01F 代表地上一层、-1F 代表地下一层
5	尺寸	100 代表板厚
6	版本	00 代表厂家修改版本流水号，根据设备每次订货外形细微修改划分

示例：
楼板—整体浇筑式—地下二层—版本
FLO-MPT--2F-100-01

门的构件命名及注释标准如表 4-4 所示。

表 4-4　　　　　　　　　　门的构件命名及注释标准

		门
1	类别关键字	DR
2	功能/用途	GE——普通门 FR——防火门 SP——隔声门 HI——保温门 ET——安全门 AS——检修门
3	门板数量	S——单门 D——双扇门 F——四扇门
4	开启方式	SH——平开门 SL——推拉门 RV——旋转门 RL——卷帘门 AT——弹簧门
5	材质	T——钢质门 A——铝合金门 W——木制门 G——玻璃门
6	编号	门编号以：楼层_横坐标编号_纵坐标编号进行编号； 楼层分别以：P 与 M 加数字的格式 P 代表地上、M 代表地下； 例：P1 代表地上一层、M1 代表地下一层，横向轴线自南向北以就近原则进行顺序编号起始为 1 末尾为 9，若门在轴线上则以 0 表示，例如靠近 1 轴第一扇门编为 01_1。 纵向轴线自西向东以就近原则进行顺序编号起始为 1 末尾为 9，若门在轴线上则以 0 表示，例如靠近 A 轴第一扇门编为 01_1
	示例：地下一层 1 号轴 A 号轴线第一扇钢质防火门（单扇弹簧） DOR_FR_S_AT_T_M1_1_1_A_1	

为配合项目管理平台的开发，规定给各构件添加注释信息。注释信息格式如表 4-5 所示。

表 4-5　　　　　　　　注 释 信 息 格 式 表

		注 释 信 息
要求		包含图元工作井信息、图元楼层信息
格式	工作井构件	格式：工作井编号_楼层，地上楼层用 P 表示，地下楼层用 M 表示，如"11#_M2"表示 11 号工作井地下 2 层。 当类型命名中不包含尺寸信息时，注释信息中还应包含注释信息，如墙的注释信息为"10#_M1_200"

	注 释 信 息	
格式	隧道构件	格式：标段_区间_编号，标段用罗马数字Ⅰ、Ⅱ、Ⅲ表示； 区间表示格式为"头工作井-尾工作井"，编号用三位数字表示，从头工作井开始依次增长，如"Ⅰ_1#-2#_006"表示标段一的1～2号工作井，从1号井开始的第6节管节

6. 管线系统及管道命名标准

在输变电工程中，给排水专业的系统应符合的命名标准如表4-6所示。

表4-6 给排水专业系统应符合的命名标准

系统名称	命名	系统名称	命名
生产生活给水系统	DCS	废水系统—重力	DWG
热水给水系统	DHS	废水系统—压力	DWP
污水系统—重力	DSG	雨水排水系统—压力	RDP
污水系统—压力	DSP	雨水排水系统—重力	RDG
中水系统	RWS	室内系统	ASW

说明：在同一工程中，若存在多个同名系统，则系统命名以上述标准开头，后续依次添加楼层信息、区域信息和其他可区分关键字，每项不得超过3个英文字符，中间以"_"隔开，如：地下一层A区生活给水系统：DCS_B1F_A。

在同一工程中，系统命名结构需保持一致。

7. 模型精度标准

（1）隧道系统部分。对于电缆线路工程的电力隧道工程部分，其建模的LOD标准规定如表4-7所示。

表4-7 隧道系统部分建模的LOD标准规定

专业子类	构件类别	外形尺寸	定位尺寸	外形细节	材质	设计参数	管理参数
隧道系统	直通隧道工井	√	√	√	√	√	√
	柱形隧道工井	√	√	√	√	√	√

（2）隧道土建结构部分。对于电缆线路工程的电力隧道土建部分，其建模

的 LOD 标准规定如表 4-8 所示。

表 4-8   隧道土建结构部分建模的 LOD 标准规定

专业子类	构件类别	外形尺寸	定位尺寸	外形细节	材质	设计参数	管理参数
地下结构	结构基础	√	√	×	√	×	×
	基础梁	√	√	×	√	×	×
	地圈梁	√	√	×	√	×	×
	基础墙	√	√	×	√	×	×
	桩	√	√	×	√	×	×
	地下连续墙	√	√	×	√	×	×
	地基板	√	√	×	√	×	×
	基坑结构	√	√	×	√	×	×
	地下室墙	√	√	×	√	×	×
	排水沟	√	√	×	√	×	×
	集水沟	√	√	×	√	×	×
	水池	√	√	×	√	×	×
地上混凝土结构	结构柱	√	√	×	√	×	×
	结构梁	√	√	×	√	×	×
	结构板	√	√	×	√	×	×
	承重墙	√	√	×	√	×	×
	剪力墙	√	√	×	√	×	×
	女儿墙	√	√	×	√	×	×
	管井	√	√	×	√	×	×
	电缆竖井	√	√	×	√	×	×
	电梯井	√	√	×	√	×	×
	阳台	√	√	×	√	×	×
	楼梯	√	√	×	√	×	×
	设备基础	√	√	×	√	×	×
	水池	√	√	×	√	×	×
钢结构	构造梁	√	√	×	√	×	×
	构造柱	√	√	×	√	×	×
	屋脊	√	√	×	√	×	×

专业子类	构件类别	外形尺寸	定位尺寸	外形细节	材质	设计参数	管理参数
钢结构	桁架	√	√	×	√	×	×
	钢制楼梯	√	√	×	√	×	×
	设备轨道	√	√	×	√	×	×
	预埋件	√	√	×	√	×	×
建筑	建筑墙	√	√	√	√	×	×
	建筑地平	√	√	×	√	×	×
	装饰柱	√	√	√	√	×	×
	门	√	√	√	√	×	×
	窗	√	√	√	√	√	×
	玻璃幕墙	√	√	√	√	×	×
	外墙百叶	√	√	√	√	×	×
	窗台	√	√	×	√	×	×
	雨棚	√	√	×	√	×	×
	室外坡道	√	√	×	√	×	×
	室外楼梯	√	√	×	√	×	×
	屋面	√	√	×	√	×	×
	天窗	√	√	√	√	×	×
	天花板	√	√	×	√	×	×

注 "√"表示标准中有相关规定;"×"表示标准中没有相关规定。

8. 材质渲染标准

（1）隧道系统部分。材质渲染标准如表4-9所示。

表 4-9　　　　　　　　　隧道系统部分的材质渲染标准

专业子类	构件类别	材质	颜色	贴图要求
隧道系统	直通隧道工井	主体结构：混凝土材质（实际）； 钢结构：金属材质； 栏杆：金属材质； 爬梯：金属材质	主体结构：系统颜色； 钢结构：系统颜色； 栏杆：保护漆颜色； 爬梯：系统颜色	×

专业子类	构件类别	材质	颜色	贴图要求
隧道系统	柱形隧道工井	主体结构：混凝土材质（实际）； 钢结构：金属材质； 栏杆：金属材质； 爬梯：金属材质	主体结构：系统颜色； 钢结构：系统颜色； 栏杆：保护漆颜色； 爬梯：系统颜色	×
	隧道管线	混凝土材质（实际）	系统颜色	×

（2）隧道土建结构部分。材质渲染标准如表 4-10 所示。表 4-10 中未做细节要求的，均可采用单一材质和颜色进行模型设置。

表 4-10　　　　　　　　隧道土建结构部分的材质渲染标准

专业子类	构件类别	材质	颜色	贴图要求
地下结构	所有	混凝土	131,133,120*	×
地上混凝土结构	所有	混凝土	131,133,120	×
钢结构	所有	钢	153,153,153 或保护漆颜色	×
建筑	建筑墙	实际材质	材质近似色	外墙及特殊材质墙需贴图
	建筑地平	内装地面材质	材质近似色	√
	装饰柱	实际材质	材质近似色	√
	门	门框、面板：实际材质； 嵌入玻璃：玻璃	门框、面板：材质近似色； 嵌入玻璃：0,128,192	×
	窗	窗框：实际材质； 嵌入玻璃：玻璃	窗框：材质近似色； 嵌入玻璃：0,128,192	×
	玻璃幕墙	立柱、横梁：实际材质； 嵌入玻璃：玻璃	立柱、横梁：材质近似色； 嵌入玻璃：0,128,192	×
	外墙百叶	实际材质	材质近似色	×
	窗台	实际材质	材质近似色	×
	雨棚	实际材质	材质近似色	×
	室外坡道	实际材质	材质近似色	×

专业子类	构件类别	材质	颜色	贴图要求
建筑	室外楼梯	实际材质	材质近似色	×
	屋面	实际材质	材质近似色	√
	天窗	窗框：实际材质；嵌入玻璃：玻璃	窗框：材质近似色；嵌入玻璃：0,128,192	×
	天花板	实际材质	材质近似色	×

* 设置的颜色参数。

注 "√"表示对贴图有要求；"×"表示对贴图无要求。

9. 参数标准

（1）隧道系统部分。电力隧道工程模型包含以下参数如表 4-11 所示。

表 4-11   电力隧道工程模型包含的参数

专业子类	构建类别	外形尺寸	定位尺寸	设计参数	管理参数
隧道系统	直通隧道工井	长、宽、高、壁厚、开孔长、开孔宽、孔边距	坐标值（X，Y，Z）	土压力设计值、荷载设计值、合理使用年限、结构安全等级、混凝土强度等级、抗渗等级、抗震等级、防水等级、最高电压、钢筋强度等级、钢材强度等级	权属单位
	柱形隧道工井	长、宽、高、壁厚、开孔角度、开孔长、开孔宽、孔边距	坐标值（X，Y，Z）	土压力设计值、荷载设计值、合理使用年限、结构安全等级、混凝土强度等级、抗渗等级、抗震等级、防水等级、钢筋强度等级、钢材强度等级	权属单位
	隧道管线	长、弧度、管径、壁厚	坐标值（X，Y，Z）	最高电压、钢材强度等级、钢筋强度等级、设计使用年限、结构安全等级、混凝土强度等级、抗渗等级、抗震等级、防水等级	权属单位

电力隧道工程参数需遵循的标准如表 4-12 所示。

表 4-12   电力隧道工程参数需遵循的标准

专业子类	参数类别	参数名	数据格式	单位	数据来源
电力隧道	外形尺寸	所有	数字	mm	设计单位
	定位尺寸	所有	数字		设计单位

专业子类	参数类别	参数名	数据格式	单位	数据来源
电力隧道	设计参数	设计使用年限	整数	年	设计单位
		结构安全等级	文本		设计单位
		混凝土强度等级	文本		设计单位
		抗震等级	文本		设计单位
		抗渗等级	文本		设计单位
		防水等级	文本		设计单位
		最高电压	数字	kV	设计单位
		钢筋强度等级	文本		设计单位
		钢材强度等级	文本		设计单位
	管理参数	权属单位	文本		

（2）隧道土建结构部分。电力隧道土建部分包含的参数如表4-13所示。

表 4-13　　　　　　　　　　电力隧道土建部分包含的参数

专业子类	构件类别	外形尺寸	设计参数	管理参数
地下结构	所有	长、宽、高、厚度、深度、直径	×	×
地上混凝土结构	所有	长、宽、高、厚度、深度、直径	×	×
钢结构	所有	长、宽、高、厚度、深度、直径	×	×
建筑	门	洞口高、洞口宽	类型；设计编号；耐火等级、防爆等级（如有）；保温性、气密性（如有）	生产厂商厂家型号
	窗	洞口高、洞口宽	类型；设计编号	×
	天窗			
	外墙百叶	洞口高、洞口宽	类型；通风量/排风量；耐火等级（如有）	生产厂商厂家型号
	其他	长、宽、高、厚度、深度、直径	×	×

电力隧道土建部分列出的参数设置应符合的标准如表4-14所示。

表 4-14 　　　　　　电力隧道土建部分列出的参数设置应符合的标准

参数类别	参数名	数据格式	单位
外形尺寸	所有	数字	mm
设计参数	全寿命周期二维码	文本型	
	国标编码	文本型	
	国网编码	文本型	
	一级系统	文本型	
	二级系统	文本型	
	三级系统	文本型	
	四级系统	文本型	
	类型	文本	—
	设计编号	文本	—
	耐火等级、防爆等级	文本	—
	保温性、气密性	文本	—
	通风量/排风量	数字	m^3/h
管理参数	监理单位	文本型	
	建设单位	文本型	
	设计单位	文本型	
	开工日期	文本型	
	管理编号	文本型	
	生产厂商	文本	—
	厂家型号	文本	—

墙的设计参数如表 4-15 所示。

表 4-15 　　　　　　墙 的 设 计 参 数

参数类别	参数名	数据格式	单位	数据来源
设计参数	全寿命周期二维码 （仅限装置式建筑）	文本型		设计单位
	国标编码 （仅限装置式建筑）	文本型		运行单位
	国网编码 （仅限装置式建筑）	文本型		运行单位

参数类别	参数名	数据格式	单位	数据来源
设计参数	监理单位	文本型		建设单位
	建设单位	文本型		建设单位
	设计单位	文本型		建设单位
	开工日期	文本型		建设单位
	一级系统	文本型		设计单位
	二级系统	文本型		设计单位
	三级系统	文本型		设计单位
	四级系统	文本型		设计单位
	生产商	文本型		运行单位
	管理编号	文本型		运行单位
	设计参数	文本型		设计单位
	生产编号	文本型		设计单位

梁的设计参数如表 4-16 所示。

表 4-16　　　　　　梁 的 设 计 参 数

参数类别	参数名	数据格式	单位	数据来源
设计参数	全寿命周期二维码 （仅限装置式建筑）	文本型		设计单位
	国标编码 （仅限装置式建筑）	文本型		运行单位
	国网编码 （仅限装置式建筑）	文本型		运行单位
	监理单位	文本型		建设单位
	建设单位	文本型		建设单位
	设计单位	文本型		建设单位
	开工日期	文本型		建设单位
	一级系统	文本型		设计单位
	二级系统	文本型		设计单位
	三级系统	文本型		设计单位
	四级系统	文本型		设计单位

参数类别	参数名	数据格式	单位	数据来源
设计参数	生产商	文本型		运行单位
	管理参数	文本型		运行单位
	设计参数	文本型		运行单位
	生产编号	文本型		运行单位

柱的设计参数如表 4-17 所示。

表 4-17　　　　　　　　柱 的 设 计 参 数

参数类别	参数名	数据格式	单位	数据来源
设计参数	全寿命周期二维码 （仅限装置式建筑）	文本型		设计单位
	国标编码 （仅限装置式建筑）	文本型		运行单位
	国网编码 （仅限装置式建筑）	文本型		运行单位
	监理单位	文本型		建设单位
	建设单位	文本型		建设单位
	设计单位	文本型		建设单位
	开工日期	文本型		建设单位
	一级系统	文本型		设计单位
	二级系统	文本型		设计单位
	三级系统	文本型		设计单位
	四级系统	文本型		设计单位
	生产商	文本型		运行单位
	管理参数	文本型		运行单位
	设计参数	文本型		运行单位
	生产编号	文本型		运行单位

楼板的设计参数如表 4-18 所示。

表 4-18 　　　　　　　　　　楼 板 的 设 计 参 数

参数类别	参数名	数据格式	单位	数据来源
设计参数	全寿命周期二维码（仅限装置式建筑）	文本型		设计单位
	国标编码（仅限装置式建筑）	文本型		运行单位
	国网编码（仅限装置式建筑）	文本型		运行单位
	监理单位	文本型		建设单位
	建设单位	文本型		建设单位
	设计单位	文本型		建设单位
	开工日期	文本型		建设单位
	一级系统	文本型		设计单位
	二级系统	文本型		设计单位
	三级系统	文本型		设计单位
	四级系统	文本型		设计单位
	生产商	文本型		运行单位
	管理参数	文本型		运行单位
	设计参数	文本型		运行单位
	生产编号	文本型		运行单位

4.3.3　管理系统软件开发

1. 全寿命管理平台设计

全寿命管理平台是一个基于 BIM 模型的项目管理平台。该平台中的模型实现轻量化，适合多终端（电脑、手机、平板）浏览并协调管理。设计阶段专注各方会议协调；施工阶段专注施工模拟、材料统计、质量验收；运营阶段专注设备运营监控、资料管理、人员定位、监测数据管理。

全寿命管理平台的构成如图 4-2 所示。

（1）电脑客户端承担平台的主要功能。

1）模型实时浏览，包括模型漫游，实时查阅数据等。

2）施工模拟进度，包括三维模型与施工组织计划联动展示。

电脑客户端 (Windows)	手机APP (安卓)	网站
后台管理系统		

图 4-2　全寿命管理平台的构成

3）数据展示，包括监测数据，摄像头数据，人员数据，档案信息，隧道模型信息等。

4）整个工程的信息管理，包括归档、查阅、录入、提醒等功能。

潘广路全寿命管理平台电脑客户端功能结构图如图 4-3 所示。

（2）手机 APP 承担平台的主要功能。

1）项目二维信息查阅。

2）用户基本信息查看。

3）质量检查及验收，现场拍照并发起话题。

4）对系统外接硬件部分的设置和数据的查阅。

5）对监测数据的管理及应用（预警提示）等。

6）对工程预制构件的跟踪。

7）对工程施工现场的监控。

（3）网站承担平台的主要功能。

1）对建设项目及项目管理平台的介绍。

2）项目监测数据管理。

3）项目成员管理。

4）工程资讯的浏览，技术问题讨论等。

（4）后台管理系统的主要功能。版权方对整个系统数据的监测，以及关键功能的设置。

2. 全寿命管理平台应用逻辑

（1）多终端协调逻辑如图 4-4 所示。用户在使用 BIM 软件设计好信息模型后，将模型导入客户端，客户端在进行模型管理时，产生的信息，通过客户端与云平台同步，保存到云端（也可以在本地生成一个文件）。手机上信息的查阅从云端提取，手机现场拍照，并能发起话题，同步到云端，其他端及用户都能收到此信息。平台根据用户的需求，把工程中出现的问题或者数据，归纳为工程资讯，可在网页端及手机端查阅，重大事项通过手机端提醒。

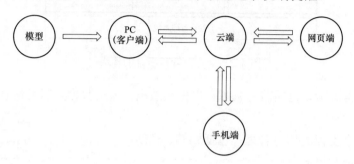

图 4-4　多终端协调逻辑

（2）多用户协调逻辑。管理方、施工方、监测方、设计方和监理方等单位在本系统中同属于用户方。系统对不同的用户设置了不同的访问权限，以分配不同的服务功能。管理方负责总体协调，预警报警模块等；施工方负责施工数据进度上传及维护；监测方负责监测信息的上传、维护；监理方对各种数据进行校核、管理；在第三方 BIM 团队的技术支持下，各方只需通过简单的操作即可获得系统功能。

各方登录系统，即可获知项目公告、各专业综合模型、各专业之间的碰撞问题，工程进度浏览，从而快速了解工程概况。项目公告主要公布施工中的重大事件，如施工风险的提醒、施工计划、各工程通知等信息，以实现各单位之间通过网络快速交流信息。项目公告信息实时滚动显示各段的施工情况、工程信息，对施工进度、重要提示等进行简要公告。

4.3.4　全寿命管理平台使用的管理制度研究

（1）项目参与方及其权限范围。建设单位：可以查看项目所有信息。施工单位、监理单位、设计单位、咨询单位等：仅能查看单位所在项目标段内的项目信息。

全寿命管理平台使用管理制度的逻辑结构如图 4-5 所示。

（2）各参与方的项目成员。项目各参与方的项目成员均分为项目管理员和普通成员两类。

（3）Web 平台团队管理中权限。项目管理员可以将普通成员设置为项目管理员；项目管理员可以将管理员变更为普通成员。

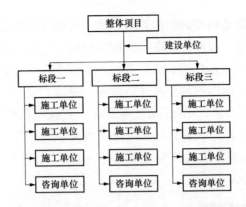

图 4-5　全寿命管理平台使用管理制度的逻辑结构

4.4　数字化工程管理系统功能模块的开发

4.4.1　安全控制模块开发

全寿命管理平台通过人员定位功能实现电力隧道项目施工安全控制。

1. 人员定位硬件技术

由于隧道处于地下密闭空间，常用的 GPS 定位由于无 GPS 信号，无法采用。因此，拟采用高频 RFID 定位系统，实现在地下的无线定位。RFID 三边定位原理如图 4-6 所示。

2. 人员定位交互设计

（1）人员管理。由管理人员，录入现场人员信息，每个人发放一块定位的芯片，当人员进入现场门禁时，平台开始启动实时定位。

（2）定位查看。人员定位与摄像头监控，放一个模块里。用户打开人员定位时，可在隧道导航图（二维平面）上看到人员的分布情况。

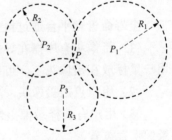

图 4-6　RFID 三边定位原理图

1）人员定位的标志物做成拟物模式，头顶显示姓名与职能两个信息。

2）用户点击某个人时，可查看这个人的具体信息和位置，并能切换到三维空间中，此时平台以此用户作为第三人称，启动漫游模式。

4.4.2　质量控制模块开发

全寿命管理平台通过视点保存与分享功能实现电力隧道项目施工质量控

制。通过保存下在浏览模型时的位置与角度，可确定用户在模型中的位置。视点以该特性进行设计，保存时获取用户所在位置、角度与模型窗口的图片（图片可编辑）一起提交到客户端形成私有的一个视点。视点是可分享的，通过分享视点可发起话题，话题的种类可分为质量、进度、安全。话题是项目成员中任务的交流模块，以处理、采纳的方式管理生产过程中需要派发的任务与监管。视点则是话题的主体，它以醒目信息提醒了被关联人所需注意的位置，视点分享之后，他人通过该视点可跳转至模型的视点位置，查看相关图元属性与参数，快速搜集需要的信息。

4.4.3　进度控制模块开发

全寿命管理平台通过施工模拟功能实现电力隧道项目施工进度控制。

一个项目各个环节的进度影响着最后工程的验收，以及对各个环节进度的把控，对整个项目起着至关重要的作用。施工模拟模块通过进度与模型的配合，可精确描述需要在时间段内完成的项目。

施工模拟是任务进程与集合融合之后的功能模块。以甘特图的时间轴为任务走向，每个需要完成的任务都对应着模型中的一个图元集合，配合动画播放直观表达项目从开始至完结所用的时间与建设进程。

4.4.4　文明施工模块开发

全寿命管理平台通过摄像实时监控功能实现电力隧道项目文明施工控制。

（1）摄像头有序摆在导航图上，并编号，以工作井及区间作为定位标准，用户鼠标放在摄像头上，可以看到摄像头的编号、位置等信息。

（2）用户点击摄像头，平台跳出一个实时监控窗口。

（3）用户有选择录像摄像内容的权限（包括录像的摄像头，录像的时间段，录像保存位置）。

（4）预留云端保存录像的开发接口。

4.4.5　档案信息管理模块开发

文档管理结构系统默认按工作井和工作井区间来划分，但也要预留给用户自己输入的归类。

用户在导入文档时需要输入：文档的类型（会议资料、方案、监测数据等），文档位置（工作井或者区间），关键字（供用户搜索用）。

4.5　全寿命健康监测系统功能模块的开发

4.5.1　实时监测模块开发

（1）数据的导入固定两种格式的 Excel，用户一键导入后，平台就能自动识别并显示。

（2）数据的管理结构为：位置（工作井或者区间）—监测方法。

（3）测点分布在平面导航图上，每个测点根据数据的变化，以时间为轴线，生成曲线。

（4）设置警报值，当数据达到警报时自动发短信给相关人员。

（5）测点可以切换成三维浏览。

4.5.2　成果管理模块开发

全寿命管理平台的成果管理通过 Web 端实现。

1. 设计思路

（1）面向用户。本网站用户的分类如表 4-19 所示。

表 4-19　　　　　　　　　　　本网站用户的分类

分类方式	分类	功　　能
用户权限	管理员	可以将项目成员中的普通用户设置为管理员
	普通用户	只能查看项目成员信息
用户职务	监测工程师	有使用后台管理功能的权限
	普通用户	没有使用后台管理功能的权限

（2）订制项目。所有监测项目都是由网站开发人员创建，用户无法自行创建项目。

2. UI 说明

（1）监测中心首页。将易测与监测中心两个平台放置于同一个网站首页。因此在监测中心首页顶部提供到网站首页和到易测首页的两个链接。

UI 中尚未定义功能的图标，待后期确定其功能。

（2）用户。

1）登录信息。登录账号：监测平台的登录账号由网站开发人员提供，用户无法自行注册；账号的权限按照要求执行。

2）用户的项目。

a. 最近的项目：个人最近查看过的项目。

b. 我管理的项目：当前登录用户为项目管理员的项目。

c. 我参与的项目：当前登录用户有参与但不是项目管理员的项目。

3）个人信息。

a. 点击右上角用户图标，弹出菜单。

b. 用户可以自行修改个人信息。

（3）项目。

1）项目基本信息。安全状态：当安全状态为"预警"时，显示红色；当鼠标移动到"预警"上时，显示每一项预警内容，并为每一项预警内容设置链接到监测数据图。

2）项目概况。介绍潘广路电力隧道项目相关信息。

3）项目数据。

a. 点击监测类型标签可查看不同监测类型的数据。

b. 点击左侧标签选择要查看的工作井或隧道。

c. 默认显示该监测类型在该位置（工作井或隧道）的编号第一的监测点在 1 天（24h）内的监测数据曲线图。

d. 可以切换数据时间范围。

e. 可以在监测点分布图上点击查看该点的监测数据。

f. 可以点击按钮切换查看数据表和数据图。

g. 点击预警信息链接，可以查看预警点预警类型的数据图，默认为 1 天（24h）内数据。

（4）团队管理。

1）查看项目团队人员基本信息；拥有平台登录账号才可以成为项目团队成员。

2）搜索好友。

3）项目管理员可以将项目人员加入黑名单；黑名单成员可以恢复。

4）项目管理员可以删除项目成员。

5）项目管理员可以将项目其他成员设置为项目管理员。

6）项目管理员可以取消其他项目管理员的管理员资格。

（5）项目公告。项目公告用于展示项目相关事件，如历史预警信息等。

（6）后台管理。

1）监测工程师具有后台管理权限。

2）后台管理包括监测中心登录账号的管理和项目监测数据的管理。

3）账号管理包括新增、修改、删除等功能。

4）项目监测数据管理包括查看、修改、新增等功能。

4.6 手机和平板电脑终端应用软件开发

4.6.1 手机 APP 和平板电脑终端应用软件

移动终端 APP 功能模块包含：

（1）首页。工程信息查看、用户信息查看、工程资讯推送。

（2）监测。项目监测图表查看、监测预警及提醒。

（3）协同。话题功能、协同处理。

（4）现场。现场人员定位、现场摄像监控、现场材料跟踪、现场质量管理。

1. 首页

用户了解项目近期发生的事情、项目进行的会议、会议中的一些决策等。

用户查看工程基本信息、用户基本信息。

（1）图片浏览：用户通过下拉按钮选择隧道区间或者工作井对选择对象的多张模型图片进行滑动浏览。

（2）项目公告：显示本项目当前发生的重要事项，内容有：

1）监测预警信息。

2）施工阶段的工期、进度信息。

3）当前用户发起的待处理消息。

（3）工程信息：介绍潘广路隧道项目的业主信息、标段信息、施工方信息、设计方信息等基本信息。

（4）用户登录：注册、登录；填写用户基本信息。

（5）扫码：用户点击"扫码"按钮，转到扫码页面，用户可以选择扫码的目的，然后进行扫码。

2. 监测

用户查看当日项目监测状态（安全还是有预警）、项目监测总体情况、当日各监测类型的极值和累计值。

当有预警产生时，用户可以查看产生预警的监测点位置及多个时间段内的监测数据。

（1）今日状态：列出各监测类型当日的最大值及累计值。

（2）安全状态：当今日最大值或累计值达到预警条件时，安全状态显示为预警；用户点击预警符号可查看产生预警的监测点详情（报警位置、监测类型、当前值、预警值）。

（3）显示数据最近更新时间。

（4）重要公告：曾经发生过的预警、监测频数的改变历史等。

（5）左上角图表按钮：进入图表查看页面。

（6）图表查看页面：

1）标题：位置—监测类型—测点编号。

2）上面部分：产生预警的监测点的预警类型监测值曲线图（默认一天以内，横坐标以小时为单位），可通过按钮将数据调整为横坐标以天为单位的一周内监测值或一月内监测值。通过右上角按钮可以切换查看预警点的位置图。

3）下面部分：整条隧道各工作井（或隧道）各监测类型当天的累计最大值曲线图（或散点图），横坐标以工作井为单位，可通过按钮将数据调整为一周内或一月内累计最大值。

3. 协同

用户对现场发现的问题进行处理，将问题提醒到相关责任人并限期处理完毕，并在处理过程中对该问题进行跟踪。

用户在会议中调取曾经发生过的问题信息，定位到模型当中的具体对应构件，对该问题相关责任人给出的解决方案进行讨论和执行。

分类（全部、进度、质量、安全）、筛选（我发起的、与我相关、已处理、未处理）查看话题，滑动话题进行快捷标记。

（1）发起话题。

（2）图片上传。用户可以上传图片，图片可以是实时拍照也可以选择手机图片。

（3）话题标题。发起话题的用户定义话题的标题。

（4）话题内容。发起话题的用户对问题进行描述。

（5）话题分类。用户选择话题的分类。

（6）位置定位。用户通过扫描问题发生点附近的构件二维码对话题进行定位。

（7）@。用户从项目组成员中选择要将话题共享给对方的人，默认对选择的第一个共享人进行 APP 消息提醒，被"@"的共享人在话题编辑页面按选择的顺序显示。

（8）关键字搜索话题。

（9）评论话题。被"@"到的人可以对话题进行评论，系统记录评论的时间。

（10）处理话题。话题发起者可以对评论进行采纳，当发起者采纳了一条评论后，该话题的状态自动更新为"已处理"；用户仍可对状态为"已处理"的话题进行评论。

话题发起者可以通过"处理"按钮改变话题的状态，也可以通过"终结话题"按钮直接终结话题。用户不可对被终结的话题进行评论。

4. 现场

用户能够实时了解施工现场的情况；当需要时可以根据人员信息对人员进行准确定位，从而找到相关人员。

用户能够掌控施工过程在所有构件、设备的进出场状态，并能够对构件、设备在不同时期的状态进行跟踪。

（1）人员定位。

（2）人员平面分布图。显示所有人员在地图上的分布。

（3）人员状态描述。

（4）相机。该相机为固定在各处的相机。

1）用户通过选择相机位置及相机编号来查看该相机的实时摄像内容。

2）用户可通过特定的按钮进行现场录音、录像、拍照、对现场讲话。

（5）材料跟踪。

1）扫码查看材料的基本信息、当前状态和历史状态。

2）扫码添加材料入库信息。

3）查看某工作井或隧道区间的构件状态。

（6）质量验收。用户现场把问题拍下照片，上传到平台，平台开始记录问题警告，关联到模型图元中，把问题"@"到相关用户，责任用户可以收到提示，在自己的移动终端上查阅，当问题解决后平台的警告取消。

4.6.2　手机短信

全寿命管理平台 Web 端将对工程项目的健康监测数据进行实时监控，并将预警信息通过手机短信直接发送给相关用户。

4.7 电力隧道全寿命管理平台的关键技术研究

4.7.1 深基坑施工控制点研究

深基坑工程风险性高、综合性强，它涉及工程地质、土力学、基础工程、结构工程、结构力学、施工技术、土与结构的共同作用以及环境岩土工程等多门学科，由于其综合性以及复杂性，导致深基坑工程的理论还远远不算完善，是待进一步发展的具有综合性和交叉性的技术学科。

深基坑工程大多是临时性工程，影响因素、不确定性因素很多，例如地质条件、水文情况、工程要求、气候变化、施工顺序及管理、场地周围环境等。深基坑工程的设计与施工既要保证整个支护结构在施工过程中的安全，又要控制支护结构及其周围土体的变形，保证周围环境的安全。

越来越多的深基坑工程需要在城市建筑密集区内施工，这些基坑大多邻近已有建筑物、地下市政管线设施、城市道路与高架等，在建筑群林立、地下隧道与管线纵横交错的复杂城市环境中进行深基坑施工，必然会对周围已有建筑物与地下市政管线设施的受力和变形产生不利影响；另外在基坑附近进行的大型地下结构施工也必然会对已有基坑围护结构产生不良影响。因此，深基坑施工中存在着两大工程难题：一是在确保基坑安全施工的同时，经济有效地控制由于深基坑施工引起的周围地层的移动，保护邻近建筑物的安全；二是尽量控制邻近的地下空间开发与利用对已有基坑的影响，保护基坑围护结构自身的安全。

为对解决以上所提出的问题做出进一步的探索，在全寿命管理平台的研发过程中针对深基坑施工控制点的相关问题进行了一些探索。

4.7.2 顶管法施工和盾构法施工的控制点研究

我国一些发展迅速的地区已经进入了大规模开发利用地下空间的时代，地下空间非开挖技术在越来越受到人们的重视，如何在对城市环境破坏最小的前提下安装及更换城市的供水、排水、煤气和通信设施，如何保证顺利安全地开挖隧道、兴建地铁，这些发展的需求都对地下工程施工技术提出了新的挑战。顶管技术和盾构技术就是为应对这些挑战而发展起来的地下管道施工方法。

顶管法和盾构法施工的最主要区别是隧道的支护，盾构法采用管片拼装形成支护结构，而顶管法采用预制的管节连接形成支护结构。另外，盾构法施工的盾构机较为复杂，顶管法施工的机械为较为简单的工具管，它们的破土方法可以一样。

4.7.3 地下密闭空间数据采集、无线传输技术研究

在城市地下开挖隧道，势必需要穿越地下复杂的地质环境，在隧道开挖、修建以及运营的过程中，隧道周边土层、建筑物的不均匀沉降，就会导致隧道的变形，这直接影响了隧道的安全性和稳定性，一旦隧道发生严重变形，不仅导致交通、电力等设施无法正常运行，甚至发生坍塌事故，严重危及生命财产安全。因此对隧道的变形、隧道周边的地质环境以及隧道内环境的监测就显得尤为重要。

传统的隧道监测方法是利用水准仪、全站仪等仪器，在隧道横断面上设置一定的监测点监测隧道的变形，由于地下隧道一般都是狭长的线状地下通道结构，采用传统的隧道变形监测方法需要多名监测人员，需要监测的项目多，需要布置的测点多，而且主要以手动为主，作业效率低下，并且需要处理大量的数据，不能实时反馈监测信息；各测点处测得的数据使用有线传输需要敷设大量的电缆，布线烦琐、维护不便，整个系统的成本会随着监控面积的增大而不断增加；由于地下隧道内环境复杂，在潮湿的环境里传输线路以及采集仪器容易老化腐蚀。因此，传统的监测方法在地下隧道中的使用存在局限性。

随着无线传感器技术的发展与成熟，采用无线传感器网络技术对已建成的隧道结构进行监测，监测数据无线传输已成为一种新的趋势。对隧道内部结构健康数据进行监测由于受到距离、空间和环境的影响，传统的监测方法无法获得很好的效果，因此亟需一种成本低廉、性能稳定、便于维护的传输技术。伴随着无线通信技术和嵌入式技术的高速发展，传感器技术的不断创新，体积小、功耗低、应用方便的无线传感器网络随之出现，并以其低功耗、低成本、自组网等优点成为近年研究和应用的热点。

地下工程环境复杂，对于地下施工、管理等工程人员进行定位、监测具有十分重要的意义，人员定位系统可进行人员工作考勤、常规管理、灾后紧急救援、跟踪定位等，并且能够在地面计算机系统直观、准确、及时地反映地下工程人员的动态，以便于日常管理。对于地下工程的管理系统而言，人员定位技术是必不可少的一部分。

4.7.4 电力隧道电子化档案标准化研究

基于云端大数据、移动终端的电力隧道全寿命管理平台是为了配合上海市

重大工程的建设，发展上海城区内电力电缆隧道网络规模而进行的电力隧道工程。该类工程设计资料繁多，施工工序复杂，参与方众多，各种信息类型复杂、数据量大，因此需要保证所有档案资料的有序存放、便于查阅、及时信息共享和交互，这要求对工程设计文件、施工现场的施工组织设计、施工进度计划、施工人员状态和交叉信息、工程项目运营资料等进行高效且有序的管理。

4.8 全寿命管理平台产品研发与测试和应用

4.8.1 功能研发流程

PC 平台研发流程如图 4-7 所示，APP 研发流程如图 4-8 所示，Web 研发流程如图 4-9 所示。

图 4-7 PC 平台研发流程   图 4-8 APP 研发流程   图 4-9 Web 研发流程

4.8.2 产品测试策略

本平台产品进行两轮系统性测试。

（1）第一轮产品测试：第一轮产品测试为常规测试，对产品各项功能进行单项测试，按功能对漏洞（bug）进行归类；在漏洞修复后进行回归测试；目标漏洞修复率为 90%。

（2）第二轮产品测试：第二轮产品测试为常规测试、交叉测试和系统测试像结合，根据测试用例对产品功能进行交叉测试；目标漏洞修复率为 100%。

潘广路—逸仙路电力隧道项目全寿命管理平台研发项目基于包含全部设计图纸信息的 3DGIS＋BIM 模型的应用，实现了工程项目设计从二维到三维的转变，对于建设工程项目的设计和管理具有积极的推动作用。

研究使用主流的 BIM 软件及开发软件，引进游戏开发平台对模型的处理技术，实现了工程项目模型的多终端轻量化浏览，对 BIM 模型及相关技术在电力隧道工程项目中的应用具有较大的促进意义。

该项目针对建设工程项目全生命周期中多方、复杂信息管理的研究，提供了信息集成管理解决方案，在保证工程项目信息完整性的同时，为工程项目信息档案管理工作提供了新的思路。

平台中将工程项目信息与 BIM 模型中的构件相关联，实现构件与会议文件等文档信息的双向关联查询，成为工程项目信息管理工作的创新应用。

项目中，对于工程项目施工过程中施工安全、工作协同等问题的研究及提供的监测、共享等解决方案，极大程度上保证了工程项目建设的质量及效率。

超高压地下输变电工程
建设关键技术

5

5.1 超高压地下变电站防火技术研究

5.1.1 概述

地下变电站是通过将建筑建立在地面以下获得的建筑空间，建筑外围是土壤和岩石，只有内部空间而没有外部空间，且仅有与地面连接的通道作为出入口，不像地面建筑有门、窗可与大气连通。由于地下变电站存在上述构造上的特殊性，与地面建筑相比，地下变电站空间结构在进出口方面受到限制，空间的封闭性导致对救援的限制，通风口的面积相对地面要小得多，火灾燃烧状态主要由可燃物物理化学性能和出入口供气状态共同决定，由此便造成地下变电站发生火灾时具有发烟量大、温度升高快，且容易形成高温、安全疏散困难、扑救难度大等特点，从而造成的人员伤害和财产经济损失巨大。

500kV 地下变电站工程，由于地下深度深，在火灾时，人员疏散、火灾扑救、烟气排放均特别困难，故消防系统的设计、施工及运营阶段的管理，显得尤为重要。位于地下变电站内的大量含油设备，如主变压器、电抗器等，是地下变电站的重要火灾危险源。地下变电站的火灾发生往往与这些含油设备相关，故可参考变压器的故障率，大致评估变电站的火灾发生概率。

通过对已建和在建的地下变电站进行归纳和总结，进一步研究大空间布置地下变电站的消防系统，从而提出 500kV 虹杨变电站的消防设计方案，不仅可填补变电站消防理论研究的空白，而且对于今后的工程实践具有参照及指导意义，是十分必要的。对 500kV 超高压地下变电站防火技术研究内容具体如下：

（1）对已投运地下变电站进行调研，对变电站发生火灾事故进行调研。

（2）对变电站不同设备房间的火灾危险性加以分析。

（3）对变电站中的重要危险源进行计算机火灾模拟，找出变电站火灾的特点。

（4）分析变电站与结合建设非居建筑之间的关系和影响。

（5）研究建筑总平面布局、变电站单体平面布置、防火分区、安全疏散、建筑防火构造及内装修几个方面，并提出解决方案。尤其针对变电站和生产管理用房结合建造的情况，提出相应的特殊措施。

（6）通过对在建的地下变电站进行归纳和总结，并依据计算机模拟结果进一步研究大空间布置地下变电站的消防系统，并且针对 500kV 地下变电站和非居建筑结合的特点，研究互相的影响，找到特殊的解决措施。

（7）提出 500kV 虹杨变电站的消防设计整体方案。

5.1.2　火灾危险性分析

在进行防火设计时，必须首先判断地下变电站各功能房间的火灾危险程度的高低，进而制订行之有效的防火防爆对策。

5.1.2.1　地下变电站火灾源

地下变电站内房间根据功能及火灾危险性分为：

（1）含油电气设备间，包括主变压器室、电抗器室、接地变电室及站用变压器室。

（2）无油电气设备间，包括主控制室、继电器室、通信室等。

（3）辅助用房，如消防设备间、通风机房等。

5.1.2.2　各种类型房间火灾危险性分析

1. 含油电气设备间

主要是使用油浸绝缘的电气房间，如主变压器室、电抗器室、接地变电室及站用变压器室等。

变压器和电抗器类等设备可选油浸绝缘和 SF_6 气体绝缘两种类型。SF_6 气体绝缘型是当前唯一的一种真正零火灾危险的设备，但与油浸设备的投资相比差距还比较大，同额定值的 SF_6 绝缘的变压器和电抗器设备的本体价格是油浸绝缘的 2～3 倍，故基于经济技术比较，工程中按油浸设备选择较优。地下变电站内单台 500/220kV 的变压器充油量可达 68t，单台电抗器充油量可达 11t，可见潜在的火灾危险性是非常大的。根据 GB 50016—2014《建筑设计防火规范》，使用闪点不小于 60℃ 液体的设备其火灾危险性分类定为丙类，因此油浸主变压器室、电抗器室、接地变电室及站用变压器室火灾危险性为丙类。

由于油浸绝缘设备火灾原理基本一致，故本研究基于油浸变压器进行火灾危险性分析，其分析结果同样适用电抗器等其他油浸绝缘设备。变压器起火原因具体如下：

（1）内部的电弧故障。当变压器内部发生电弧故障时，电弧温度有数千摄氏度。变压器内部的电弧（或闪络）不能起火，原因是变压器内部无氧气。如果电弧电流不被迅速切断，该电弧便可能产生足够多的气体引起罐体、套管或接线箱爆裂，此时油及电弧产生的气体形成的混合物将被释放到富有氧气的外部空间，如遇到温度超过混合物燃点的物体，那么泄漏出来的油及气体将剧烈燃烧。变压器套管火灾发展场景过程如图 5-1～图 5-3 所示。

图 5-1　变压器瓷套内部电弧作用下破裂　　图 5-2　变压器套管塌落至变压器内

（2）外部的闪络。过高的电流通过变压器的导线、端头及线圈会引起局部

甚至遍及变压器的过热。通常在变压器内部没有足够的氧气引起内部着火，而在外部端子因没有足够的燃油发生着火。如果过电流没有被切断，将发生过热，引起溢流或油沸，从安全阀或垫片处溅油。遇到温度超过燃点的物体，将发生火灾。

2．无油电气设备间

无油电气设备间包括主控制室、继电器室、通信室等。特别应该强调下电

图 5-3　油气被点燃

缆夹层，过去变电站内使用油为绝缘介质的充油电缆，该种电缆火灾危险性较大；现在变电站内普遍采用交联阻燃电缆，为无油电缆，大大降低了火灾危险性。无油电气设备间及辅助用房火灾危险性为丁戊类。

3. 辅助用房

主要包括消防设备间、通风机房、备品间及工具间等，该类房间常温下使用或加工不燃烧物质，火灾危险性很小。

5.1.2.3 各类型房间火灾危险性分析汇总

各类型房间的组成部分不同，各部分功能也各不相同，其火灾危险性分类和耐火等级也有差别。地下车库独立建设，按地下车库的规范要求设计。变电站和生产管理用房上下结合建造，变电站建筑属于工业建筑，按其火灾危险性划定为丙类建筑；生产管理用房按公共建筑的划分标准，归为二类建筑。两部分的防火要求不同，整幢建筑按较危险部分（油浸变压器室）确定，即按丙类厂房要求设计，耐火等级为一级。

参照 DL/T 5216—2005《35kV～220kV 城市地下变电站设计规定》的规定，地下变电站各设备房间的火灾危险性分类见表 5-1。

表 5-1 设备房间的火灾危险性分类及其耐火等级

设备房间名称	火灾危险性	耐火等级
主控制室、继电器室、通信室	戊	二级
配电装置室	丁	二级
油浸变压器室	丙	一级
干式变压器[a]、电抗器、电容器室	丁	二级
油浸电抗器、电容器室	丙	二级
事故油池	丙	一级
电缆夹层[b]	丁	二级
消防设备间、通风机房	戊	二级
备品间、工具间	戊	二级

[a] 干式变压器包括 SF_6 气体变压器、环氧树脂浇铸变压器等。

[b] 当电缆层中敷设充油电缆时，其火灾危险性为丙类。

5.1.3 FDS 火灾模拟

5.1.3.1 火灾模拟软件 FDS 简介

FDS（fire dynamics simulator）是由美国国家标准技术研究院（National

Institute of Standards and Technology，NIST）开发的一种场模拟程序，它是一种以火灾中流体运动为主要模拟对象的计算流体动力学软件。该软件采用数值方法求解受火灾浮力驱动的低马赫数流动的 N-S 方程，重点计算火灾中的烟气和热传递过程。由于 FDS 程序的开放性，其准确性得到了大量实验的验证，因此在火灾科学领域得到了广泛应用。

针对 500kV 虹杨地下变电站中重要危险源，即设备中大量含油的主变压器室和电抗器室，运用 FDS 模拟软件进行计算机模拟。模拟分为 6 种火灾场景，即小油池火、大油池火、储油柜火、散热管火、小油池火＋储油柜火、大油池火＋散热管火，通过模拟数据找出最不利场景加以分析，最终对着火与灭火、回燃的预防、灭火分析、阀门的安全性分析、壁面安全性分析 5 个方面得出模拟结果，找出地下变电站火灾的特点，为日后城市地下变电站的消防设计，提供技术支撑。

5.1.3.2 建立模型

1. 主变压器室

根据设计图纸，各主变压器室尺寸、结构、设备布置均类似，故选择 1 号主变压器室 C 相作为研究目标，结论可应用到其他主变压器室。

主变压器室建筑尺寸为 $12m \times 15m \times 12.7m$（H），体积为 $2286m^3$。变压器置于房间中央，房间设有两扇门，一个为双开门 $2100mm \times 2400mm$，一个为单扇门 $1000mm \times 2100mm$。房间上部设有两个排风管道，管道上分别设有两个 70℃防火调节阀，房间下部设有通风用防火百叶。火灾发生时，消防控制系统在 15s 内关闭该分区内各房间通风风机、防火阀及通风防火百叶。房间底部中间布置有油池。

根据建筑、设备设计图纸，建立主变压器室模型，用于 FDS 模拟，模型图如图 5-4 所示。

2. 电抗器室

根据设计图纸，各电抗器室尺寸、结构、设备布置均类似，故选择 6 号电抗器室作为研究对象，结论可应用到其他电抗器室。

电抗器室建筑尺寸为 $9.3m \times 7.74m \times 9.2m$（H），体积为 $662m^3$。电抗器置于房间中央，房间设有两个单扇门，尺寸为 $1000mm \times 2100mm$。房间上部设有一个排风管道 $630mm \times 320mm$，管道上设有一个 70℃防火调节阀，房间下部设有一个通风用防火百叶。当发生火灾时，15s 内关闭该分区内各房间通风风机，防火阀及通风防火百叶。房间底部中间布置有油池。

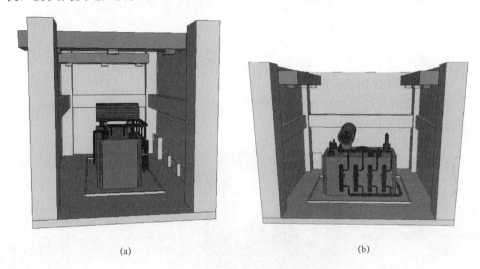

图 5-4　500kV 主变压器室模型

（a）主视图；（b）左视图

　　根据建筑、设备设计图纸，建立电抗器室模型，用于 FDS 模拟，模型截图如图 5-5 所示。

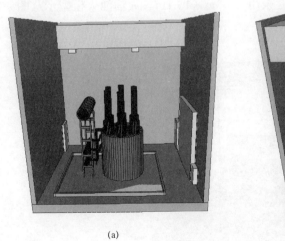
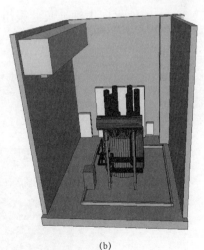

图 5-5　500kV 电抗器室模型

（a）主视图；（b）左视图

5.1.3.3　地下变电站火灾数值模拟场景设计及模型试验方案设置

一、地下变电站火灾数值模拟场景设计

1. 变压器

（1）变压器火灾 6 种模拟情况。

1）小油池火：小油池尺寸采用现设计尺寸，即 6.33m×10m。小油池火模型示意图如图 5-6 所示。

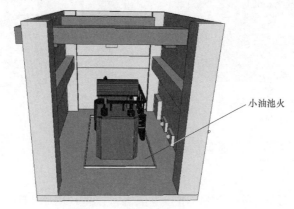

图 5-6　小油池火模型示意图

2）大油池火：大油池尺寸采用 9.43m×13.1m。大油池火模型示意图如图 5-7 所示。

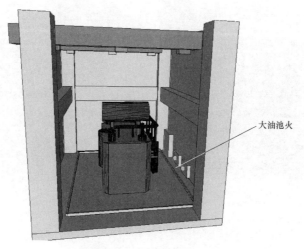

图 5-7　大油池火模型示意图

3）储油柜火：储油柜喷射火的流动速率取 8L/min，油滴喷射速度为 10m/s，喷射角取 0.60°。储油柜火模型示意图如图 5-8 所示。

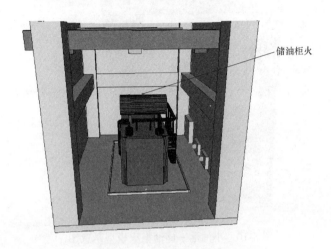

储油柜火

图 5-8　储油柜火模型示意图

4）散热管火：喷射火的流动速率取 8L/min，油滴喷射速度为 10m/s，喷射角取 0.60°。散热管火模型示意图如图 5-9 所示。

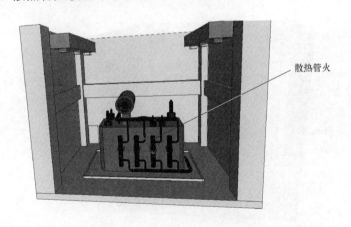

散热管火

图 5-9　散热管火模型示意图

5）小油池＋储油柜火：小油池尺寸采用现设计尺寸，即 6.33m×10m；喷射火的流动速率取 8L/min，油滴喷射速度为 10m/s，喷射角取 0.60°。小油池＋储油柜火模型示意图如图 5-10 所示。

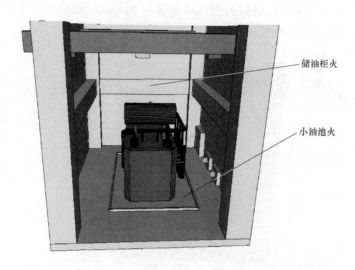

图 5-10　小油池＋储油柜火模型示意图

6）大油池＋散热管火：大油池尺寸采用 9.43m×13.1m。散热管喷射火的流动速率取 8L/min，油滴喷射速度为 10m/s，喷射角取 0.60°。大油池＋散热管火模型示意图如图 5-11 所示。

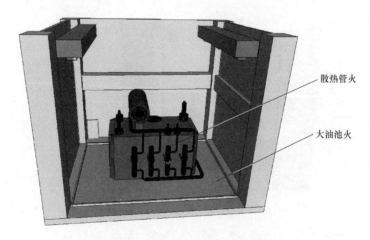

图 5-11　大油池＋散热管火模型示意图

（2）主变压器水喷雾灭火系统。平面布置示意图如图 5-12 所示。

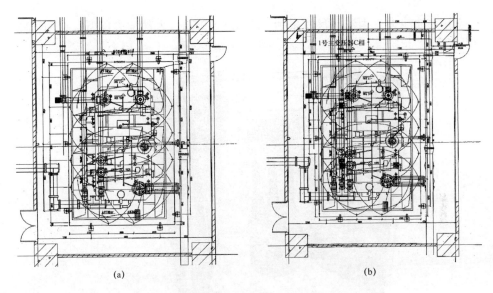

(a)

(b)

图 5-12　主变压器水喷雾系统平面布置示意图
（a）上层平面图；（b）下层平面图

2. 电抗器

（1）电抗器火灾 6 种模拟情况。

1）小油池火：小油池尺寸采用现设计尺寸，即 6m×4.9m。小油池火模型示意图如图 5-13 所示。

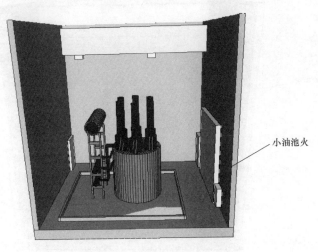

小油池火

图 5-13　小油池火模型示意图

2）大油池火：大油池尺寸采用 7.76m×5.96m。大油池火模型示意图如图 5-14 所示。

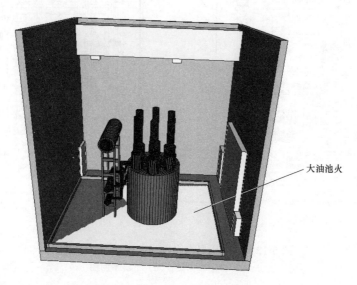

图 5-14 大油池火模型示意图

3）储油柜火：储油柜喷射火的流动速率取 8L/min，油滴喷射速度为 10m/s，喷射角取 0.60°。储油柜火模型示意图如图 5-15 所示。

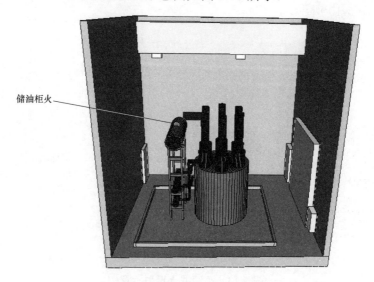

图 5-15 储油柜火模型示意图

4）散热管火：散热管喷射火的流动速率取 8L/min，油滴喷射速度为 10m/s，喷射角取 0.60°。散热管火模型示意图如图 5-16 所示。

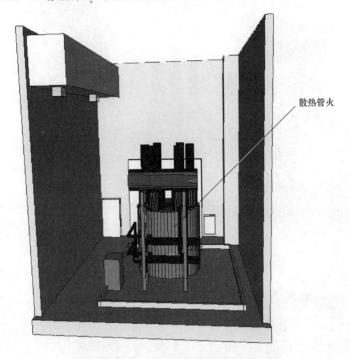

散热管火

图 5-16　散热管火模型示意图

5）小油池＋储油柜火：小油池尺寸采用现设计尺寸，即 6m×4.9m；储油柜喷射火的流动速率取 8L/min，油滴喷射速度为 10m/s，喷射角取 0.60°。小油池＋储油柜火模型示意图如图 5-17 所示。

6）大油池＋散热管火：大油池尺寸采用 7.76m×5.96m；散热管喷射火的流动速率取 8L/min，油滴喷射速度为 10m/s，喷射角取 0.60°。大油池＋散热管火模型示意图如图 5-18 所示。

（2）电抗器水喷雾灭火系统。平面布置示意图如图 5-19 所示。

二、模型试验方案设置

1．开门时间及设定

为研究地下变电站的回燃的预防，根据各种场景火灾的预模拟，设定的开门时间分别如下：

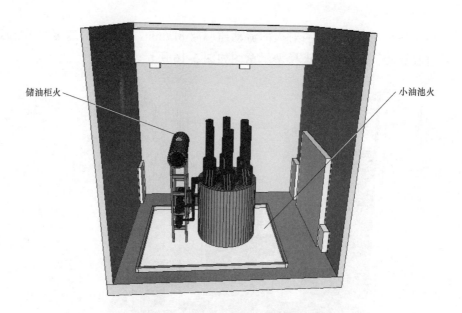

储油柜火

小油池火

图 5-17　小油池＋储油柜火模型示意图

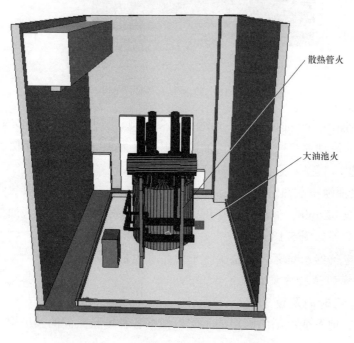

散热管火

大油池火

图 5-18　大油池＋散热管火模型示意图

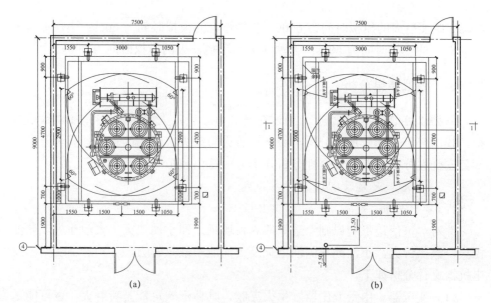

图 5-19　电抗器水喷雾系统平面布置示意图

（a）上层平面图；（b）下层平面图

（1）对变压器室。小油池火的开门时间为 500s；大油池火的开门时间为 500s；储油柜火的开门时间为 500s；散热管火的开门时间为 400s；小油池火＋储油柜火的开门时间为 500s；大油池火＋散热管火的开门时间为 400s。

（2）对电抗器室。小油池火的开门时间为 400s；大油池火的开门时间为 400s；储油柜火的开门时间为 400s；散热管火的开门时间为 400s；小油池火＋储油柜火的开门时间为 400s；大油池火＋散热管火的开门时间为 400s。

2. 热电偶的设定

（1）为研究房间温度分布情况，在房间高度方向每隔 0.5m 设置热电偶。

（2）在进风百叶及排风防火阀处，各设置一个热电偶，以检测阀门处温度情况。

3. 各场景模拟时间的设定

根据多次试模拟结果分析，各场景模拟时间设定如下：

（1）对变压器室。小油池火的模拟时间为 800s；大油池火的模拟时间为 600s；储油柜火的模拟时间为 700s；散热管火的模拟时间为 600s；小油池火＋储油柜火的模拟时间为 700s；大油池火＋散热管火的模拟时间为 600s。

（2）对电抗器室。小油池火的模拟时间为 600s；大油池火的模拟时间为

600s；储油柜火的模拟时间为 600s；散热管火的模拟时间为 600s；小油池火＋储油柜火的模拟时间为 600s；大油池火＋散热管火的模拟时间为 600s。

5.1.3.4　模拟结果分析

依据"可信最不利原则"，通过对研究对象设定火灾场景进行 FDS 数值模拟，找出最不利场景加以分析，最终对着火与灭火、回燃的预防、灭火分析、阀门安全性分析、壁面安全性分析几个方面得出模拟结果及建议。

一、着火、灭火及回燃分析

1. 着火分析

针对"可信最不利原则"选择的 6 种场景，即小油池火，大油池火，储油柜火，散热管火，小油池＋储油柜火及大油池＋散热管火，分别对主变压器及电抗器进行分析如下。

（1）变压器。由于变压器发生火灾时，具体形式可能是喷射火，也可能是池火，还可能是两者的结合。因为变压器油燃料极易燃烧，火灾蔓延很快，火灾增长速率大，燃烧猛烈，所以火势会迅速增长到最大值。变压器 6 种场景模拟，热释放速率（heat release rate，HRR）曲线如图 5-20～图 5-25 所示。

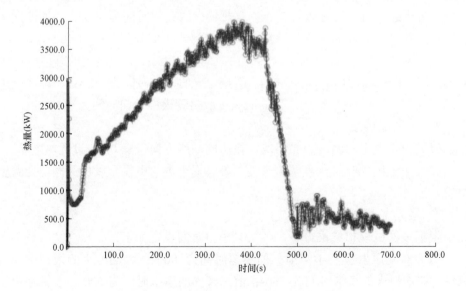

图 5-20　小油池火热释放速率（HRR）曲线

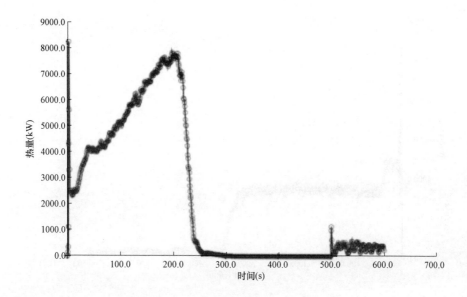

图 5-21　大油池火热释放速率（HRR）曲线

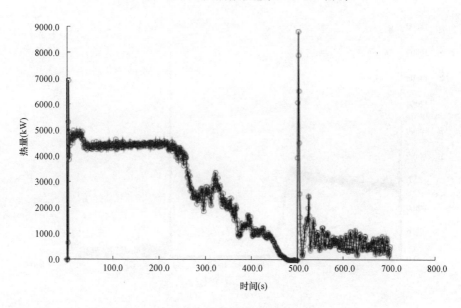

图 5-22　储油柜火热释放速率（HRR）曲线

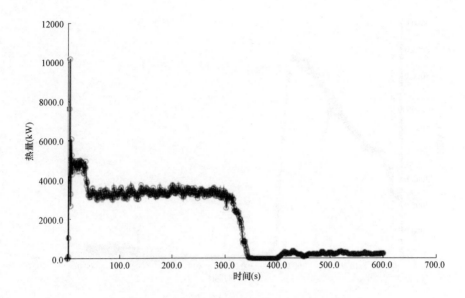

图 5-23 散热管火热释放速率（HRR）曲线

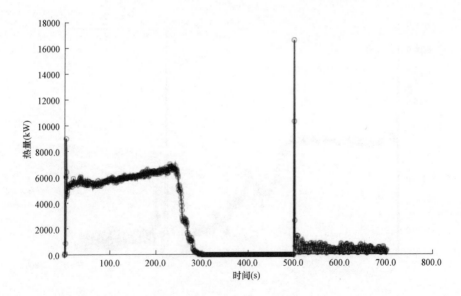

图 5-24 小油池＋储油柜火热释放速率（HRR）曲线

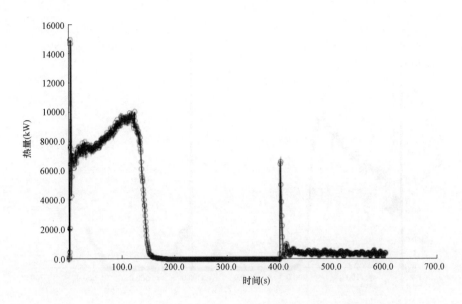

图 5-25　大油池＋散热管火热释放速率（HRR）曲线

（2）电抗器。电抗器火灾 6 种场景模拟，热释放速率（HRR）曲线如图 5-26～图 5-31 所示。

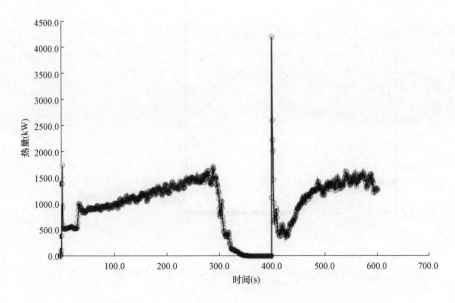

图 5-26　小油池火热释放速率（HRR）曲线

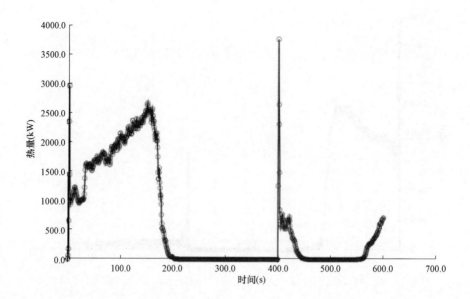

图 5-27　大油池火热释放速率（HRR）曲线

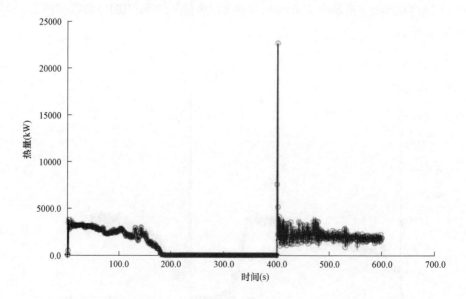

图 5-28　储油柜火热释放速率（HRR）曲线

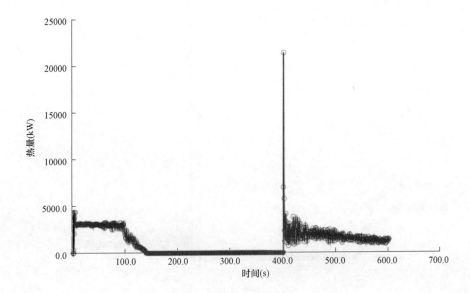

图 5-29 散热管火热释放速率（HRR）曲线

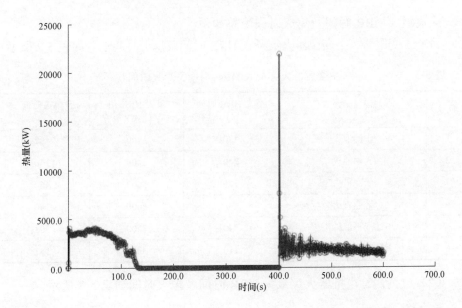

图 5-30 小油池＋储油柜火热释放速率（HRR）曲线

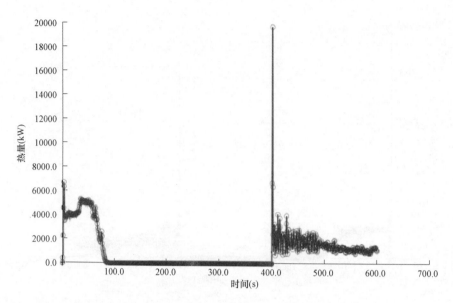

图 5-31　大油池＋散热管火热释放速率（HRR）曲线

火灾最大 HRR 时间及熄火时间汇总如下。

（1）主变压器。主变压器火灾最大 HRR 时间及熄火时间汇总如表 5-2 所示。

表 5-2　　　　　　　　主变压器火灾最大 HRR 时间及熄火时间

序号	场　　景	最大 HRR 时间（s）	最大 HRR 值（kW）	熄灭时间（s）
1	小油池火	380	3900	487
2	大油池火	210	8400	240
3	储油柜火	220	5000	460
4	散热管火	30	6000	346
5	小油池＋储油柜火	240	7200	301
6	大油池＋散热管火	110	10000	151

（2）电抗器。电抗器火灾最大 HRR 时间及熄火时间如表 5-3 所示。

表 5-3　　　　　　　　电抗器火灾最大 HRR 时间及熄火时间

序号	场　　景	最大 HRR 时间（s）	最大 HRR 值（kW）	熄灭时间（s）
1	小油池火	290	1700	323

序号	场　景	最大 HRR 时间 （s）	最大 HRR 值 （kW）	熄灭时间 （s）
2	大油池火	160	2600	188
3	储油柜火	10	4000	183
4	散热管火	90	3500	142
5	小油池＋储油柜火	40	4600	134
6	大油池＋散热管火	30	5900	87

2. 回燃分析

回燃现象是受限空间中的一个重要的特殊火行为。回燃定义为一个充满不完全燃烧产物的房间内流入烟气时发生的快速爆燃过程。回燃的发生需要两个条件：前导燃烧；通风条件的改变。前导燃烧是一种差通风条件下的受限空间火灾燃烧。如果通风条件不得改善，前导火灾会随着时间而减弱，最后熄灭。如果当前导火灾还未完全熄灭时，门、窗等通风口打开时，富含氧气的空气进入受限空间，以重力流的形式向房间内传播，如果此时没有点火源，重力流会在到达门对面的房间壁后向回反射，重新回到开口处。

点火源的存在是引起回燃的一个基本条件。一般可燃烟气与后期进入的空气掺杂生成的可燃混合气达不到燃烧温度，必须由点火源点燃。在起火地下变电站内通常有三类点火源：一是明火焰；二是暂时隐蔽的火种；三是火花。如余烬、红热的金属制品、小火焰等。

起火房间内已存在的火焰是典型的明火，回燃便是由已存在的火焰引发的。在黑暗中灭火时，使用易产生火花的照明装置，这可能构成回燃的点火源；火灾中还存在多种暂时隐蔽的点火源，因为缺氧而未将可燃烟气引燃，当新鲜空气进入后，点火源往往迅速燃烧，这是一种典型的延迟性回燃。

火灾现场的可燃烟气具有较高的温度，其点燃的可能性比常温下大得多。随着温度的升高，可燃浓度界限显著扩大，当温度达到该气体的自燃温度时，则处于任何浓度都可着火的状态。这表明在可能发生回燃的场合，小点火源也具有较大的风险。

为了防止回燃的发生，控制新鲜空气的后期流入是重要措施。灭火实践表明，在打开这种通风口时，沿开口向房间内喷入水雾，可有效降低烟气的温度，从而减小烟气被点燃的概率，同时这也有利于扑灭室内明火。

采用高压细水雾等预防回燃的发生，是一种有效的消防措施。有实验结果表明：腔体内未燃烧燃料的质量分数是回燃产生的决定性参数，而细水雾能抑制回燃的产生，其抑制机理是降低腔体内未燃烧燃料的质量分数。高压细水雾喷嘴喷出的微细水雾在遇到火场高温时迅速吸收热量变成水蒸气，水蒸气是由无数细小液滴构成的，它的体积可膨胀 1640 倍，会吸收大量的热量，可以有效降低火场温度，消耗大量的氧气，抑制燃烧。另外，产生的水蒸气还可以稀释室内燃烧气体，使火焰及气流温度迅速冷却至 100℃ 以下，既能快速有效灭火，又能有效地保障消防队员的人身安全。

3. 灭火分析

灭火是着火的反命题，也是火灾预防控制中最关心的方面。实际上，着火的基本原理也为分析灭火提供了理论依据，如果采取某种措施去除燃烧所需条件中的任何一个，火就会熄灭。基本的灭火方法如下：

（1）降低系统内的可燃物或氧气浓度。燃烧是可燃物与氧化物之间发生的化学反应，缺少其中任何一种都会导致火的熄灭。在反应区内减少与消除可燃物可以使系统灭火。当反应区的可燃气体浓度降低到一定限度，燃烧过程便无法维持。将未燃的与已燃的可燃物分隔开来即中断了可燃物向燃烧区的供应，即隔离灭火。

（2）降低反应区的氧气浓度，限制氧气的供应也是灭火的基本手段。当反应区的氧气浓度低于 15% 后，火灾燃烧就很难进行。用不燃或难燃物质盖住燃烧物，就可断绝空气向反应区的供应。这种方法可称为窒息灭火。

由分析可知，在最不利的工况下要避免回燃的发生，可以考虑切断燃烧四要素的其中之一或几个。对于可燃物，可将燃物油尽快从主变压器室取出，依靠阻断可燃物来防止回燃。但是对于氧化剂，在该燃烧发生后，只要一打开房门就会有氧气进入，很难隔断氧化剂；同样的道理也无法利用链式反应来防止回燃。所以要控制回燃，最好方法是控制温度。

建议变电站利用高压细水雾来降低温度。即在火灾发生 30s 后开始作用，在火灾熄灭后一直作用，直到变电室的温度至少降到油的闪点以下。至于高压细水雾应该在火熄灭后作用多长时间，保守建议在火灾熄灭后 30min 内一直保有高压细水雾作用。但是此时，室内烟气比较浓，还需要在细水雾作用后通风排烟，然后门再打开，消防员进入。为保证消防人员安全和所需的能见度，建议工程实践采用机械排烟形式，在该火场内设置排烟管及风口，在火灾后，消防人员进入之前，进行持续排烟。

二、结构安全性分析

1. 变压器室

变压器通风阀门位置如图 5-32～图 5-33 所示。

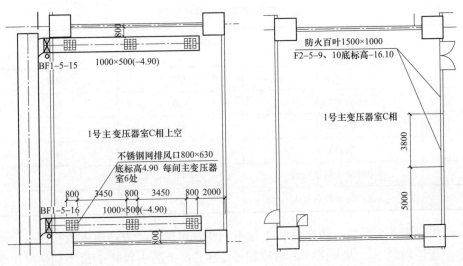

图 5-32　通风阀门平面位置图　　　　图 5-33　防火百叶平面位置图

变压器房通风阀门安全性分析。通风主阀 BF1-5-15，BF1-5-1 温度—时间曲线，最高可能温度汇总见表 5-4。

表 5-4　　　　　　　　　　　　通风主阀最高可能温度汇总

序号	场　　　景	主阀 BF1-5-15（℃）	主阀 BF1-5-16（℃）
1	小油池火	45	46
2	大油池火	79	79
3	储油柜火	145	81
4	散热管火	65	57
5	小油池＋储油柜火	155	160
6	大油池＋散热管火	67	67

根据表 5-4 可知，最不利情况出现在"小油池＋储油柜火"场景。在该场景下，通风主阀 BF1-5-15，BF1-5-16 温度均超过原设计的 70℃熔断的条件，

故选择该阀门时除满足 70℃熔断条件外,同时材质厚度等应均能耐受 180℃（取最高可能温度＋20℃）以上高温，以防防火阀失效。

防火百叶 1、2 温度—时间曲线，最高可能温度汇总如表 5-5 所示。

表 5-5　　　　　　　　防火百叶最高可能温度汇总

序号	场　　景	防火百叶 1 （℃）	防火百叶 2 （℃）
1	小油池火	69	46
2	大油池火	150	155
3	储油柜火	28	29
4	散热管火	185	46
5	小油池＋储油柜火	44	47
6	大油池＋散热管火	225	132

根据表 5-5 可知，防火百叶 1 最不利情况出现在"大油池＋散热管火"场景，在该场景下，防火百叶 1 温度超过 225℃；而防火百叶 2 最不利情况出现在大油池火场景，在该场景下，防火百叶 2 温度超过 155℃，故该两处防火百叶材质及厚度等均能耐受 245℃（取最高可能温度＋20℃）以上高温，以防防火百叶失效。

2. 电抗器室

电抗器室通风阀门、防火百叶位置如图 5-34 所示。

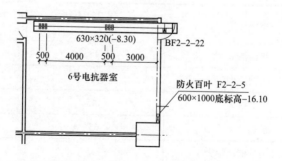

图 5-34　通风阀门平面位置图

电抗室通风阀门安全性分析。通风主阀 BF2-2-22 温度—时间曲线，最高可能温度汇总如表 5-6 所示。

表 5-6	通风主阀最高可能温度汇总	

序号	场 景	主阀 BF2-2-22 （℃）
1	小油池火	49
2	大油池火	70
3	储油柜火	140
4	散热管火	115
5	小油池＋储油柜火	139
6	大油池＋散热管火	110

根据表 5-6 可知，最不利情况出现在储油柜火场景。在该场景下，通风主阀 BF2-2-22 温度超过原设计的 70℃熔断的条件，故选择该阀门时除满足 70℃熔断条件外，同时材质厚度等应均能耐受 160℃（取最高可能温度＋20℃）以上高温，以防防火阀失效。

防火百叶 F2-2-5 温度—时间曲线，最高可能温度汇总如表 5-7 所示。

表 5-7	防火百叶最高可能温度汇总	

序号	场 景	防火百叶 F2-2-5 （℃）
1	小油池火	47
2	大油池火	73
3	储油柜火	47
4	散热管火	53
5	小油池＋储油柜火	54
6	大油池＋散热管火	95

根据表 5-7 可知，防火百叶最不利情况出现在"大油池＋散热管火"场景。在该场景下，防火百叶 F2-2-5 温度超过 95℃，故该处防火百叶材质及厚度等应均能耐受 115℃（取最高可能温度＋20℃）以上高温，以防防火百叶失效。

三、壁面安全性分析

1. 变压器室

变压器室壁面温度图如图 5-35～图 5-40 所示。

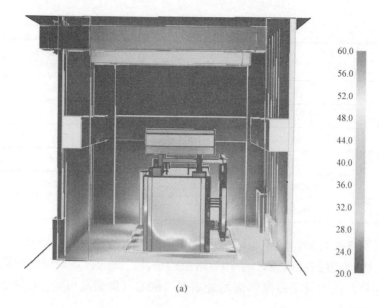

(a)

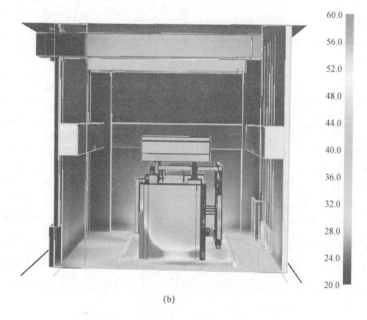

(b)

图 5-35　小油池火场景壁面温度图

（a）最大 HRR 时；（b）火焰熄灭时

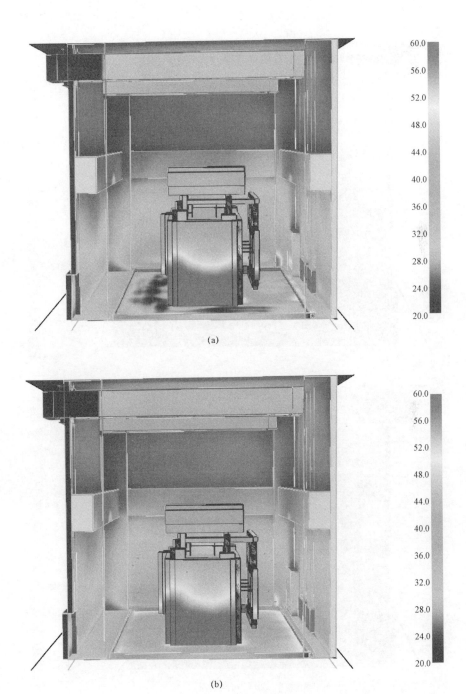

图 5-36　大油池火场景壁面温度图

（a）最大 HRR 时；（b）火焰熄灭时

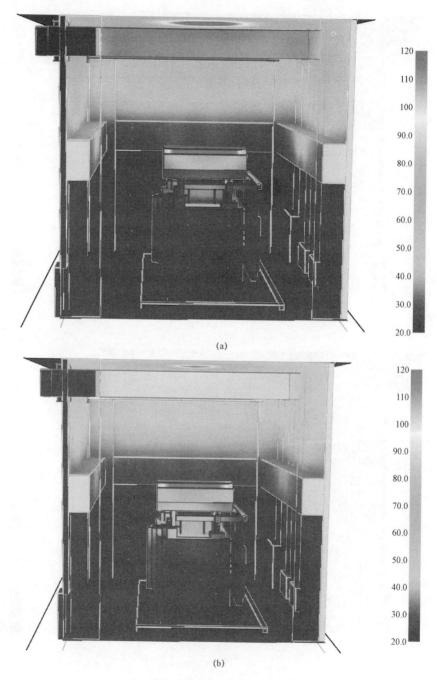

(a)

(b)

图 5-37　储油柜火场景壁面温度图

（a）最大 HRR 时；（b）火焰熄灭时

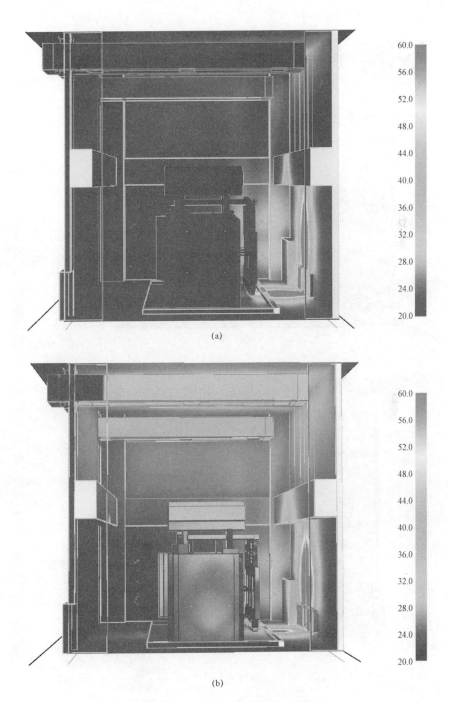

图 5-38　散热管火场景壁面温度图

（a）最大 HRR 时；（b）火焰熄灭时

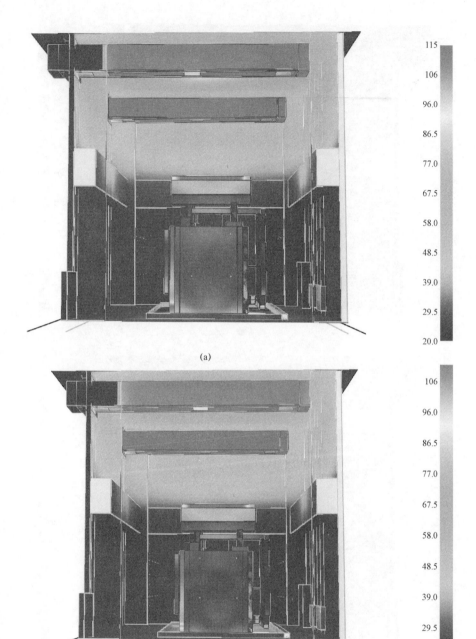

(a)

(b)

图 5-39　小油池＋储油柜火场景壁面温度图

（a）最大 HRR 时；（b）火焰熄灭时

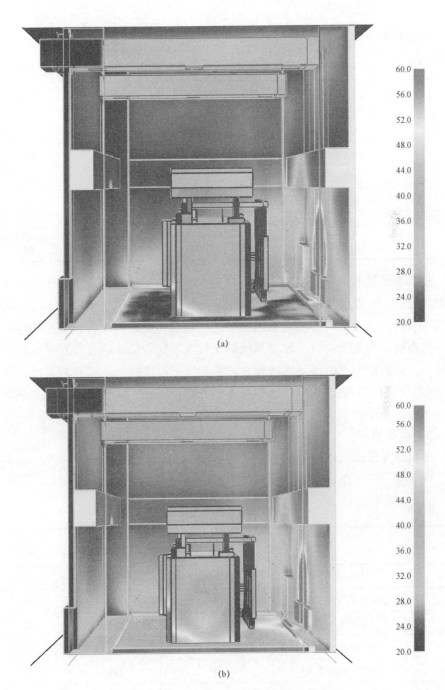

(a)

(b)

图 5-40　大油池＋散热管火场景壁面温度图

（a）最大 HRR 时；（b）火焰熄灭时

在各场景下，变压器室壁面最高温度汇总如表 5-8 所示。

表 5-8　　　　　　　　　　变压器室壁面最高温度汇总

序号	工　况	最大 HRR 时间（s）	熄灭时间（s）	最高温度（℃）
1	小油池火	380	487	54
2	大油池火	210	240	60
3	储油柜火	220	460	110
4	散热管火	30	346	60
5	小油池＋储油柜火	240	301	115
6	大油池＋散热管火	110	151	60

　　根据各场景下壁面温度图比较，可见"小油池＋储油柜火"的工况下壁面的温度较高，但最高温度仍低于 120℃，远远低于混凝土安全温度 250℃，其他场景下温度均比较低。分析其原因主要是：热量传递的基本方式有热传导、热对、热辐射。火灾发生时，墙壁周围的空气温度比较低，热传导对壁面温度影响较小；火灾后期空间流场比较稳定，热对流对温度增长几乎没有贡献；热辐射与上两种相比则更弱一些，所以基本不考虑。因此，墙壁温升未超出混凝土承受范围，壁面处于安全状态。

　　2. 电抗器室

　　电抗器室壁面温度图如图 5-41～图 5-58 所示。

　　在各场景下，电抗器室壁面最高温度汇总如表 5-9 所示。

表 5-9　　　　　　　　　　电抗器室壁面最高温度汇总

序号	工　况	最大 HRR 时间（s）	熄灭时间（s）	最高温度（℃）
1	小油池火	305	380	48
2	大油池火	190	230	55
3	储油柜火	10	222	40
4	散热管火	120	171	45
5	小油池＋储油柜火	101	144	49
6	大油池＋散热管火	60	102	72

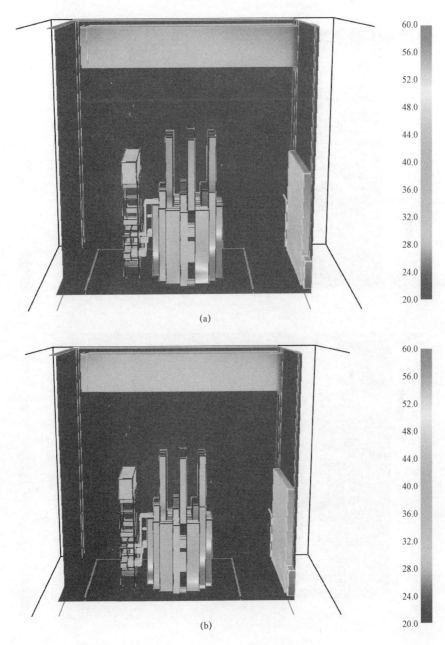

(a)

(b)

图 5-41　小油池火场景壁面温度图

（a）最大 HRR 时；（b）火焰熄灭时

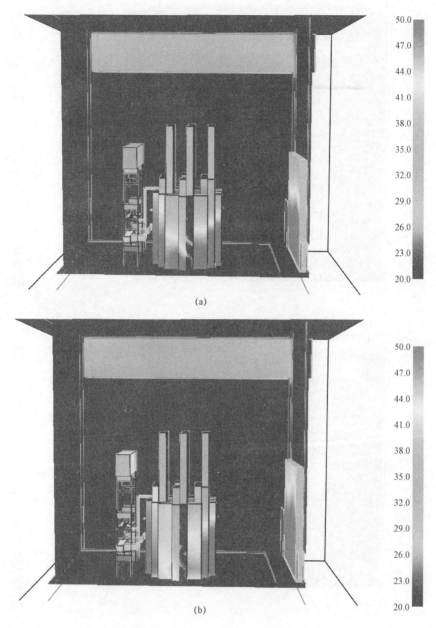

图 5-42 大油池火场景壁面温度图

（a）最大 HRR 时；（b）火焰熄灭时

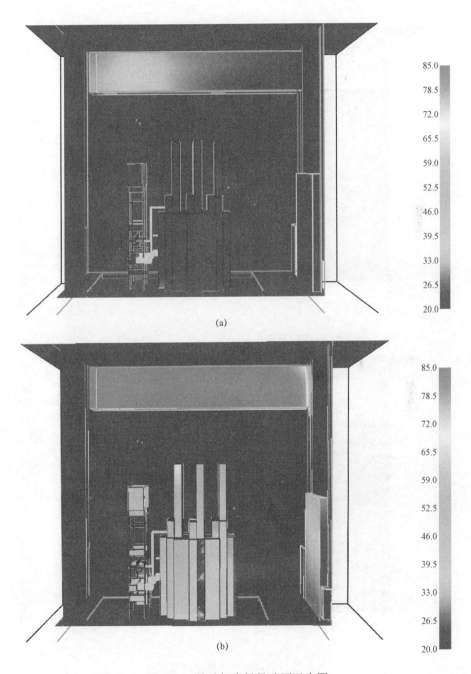

图 5-43　储油柜火场景壁面温度图

（a）最大 HRR 时；（b）火焰熄灭时

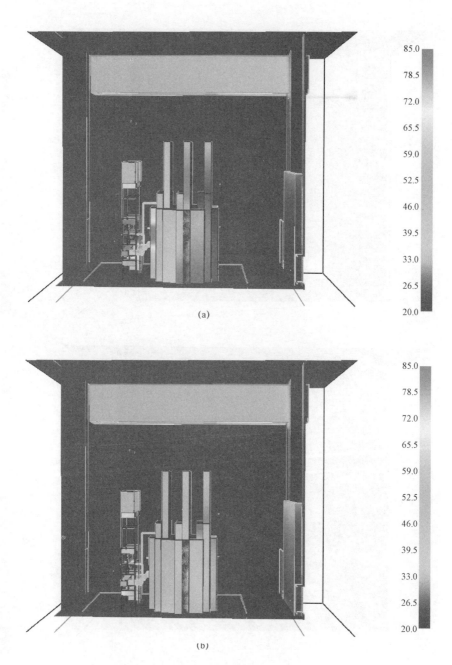

(a)

(b)

图 5-44　散热管火场景壁面温度图

（a）最大 HRR 时；（b）火焰熄灭时

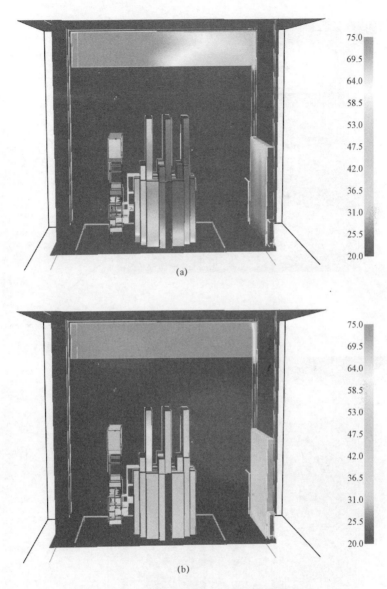

图 5-45　小油池＋储油柜火场景壁面温度图

（a）最大 HRR 时；（b）火焰熄灭时

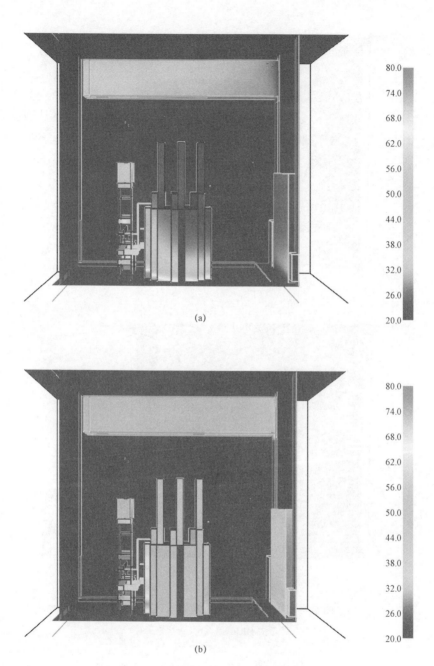

图 5-46 大油池＋散热管火场景壁面温度图

（a）最大 HRR 时；（b）火焰熄灭时

根据各场景下壁面温度图比较，可见"大油池＋散热管火"的情况下壁面的温度较高，但最高温度仍低于75℃，远低于混凝土安全温度250℃，其他场景下温度比较低。分析其原因，与主变压器室情况类似，即火灾发生时，墙壁周围的空气温度比较低，热传导对壁面温度影响较小；火灾后期空间流场比较稳定，热对流对温度几乎没有贡献；热辐射与上两种相比更弱一些，基本不予考虑。因此，热量传递的三种基本方式均未能实现明显效果，墙壁处于安全状态。

四、水喷雾系统对火灾影响分析

选取电抗器"小油池火"及"大油池＋散热管火"场景，研究分析有、无水喷雾系统时，对火灾的影响。

1. 小油池火

（1）有水喷雾和无水喷雾时的热释放速率（HRR）曲线比较如图5-47所示。

（2）有水喷雾和无水喷雾时的风管防火阀门 BF2-2-22 及入口防火百叶 F2-2-5 处各场景下温度曲线如图5-48和图5-49所示。

（3）有水喷雾和无水喷雾时小油池火场景的壁面温度图如图 5-50 和图 5-51 所示。

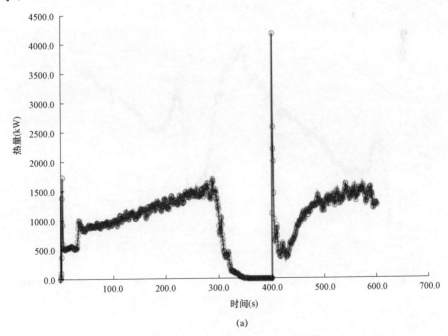

（a）

图 5-47　小油池火热释放速率（HRR）曲线（一）

（a）有水喷雾时

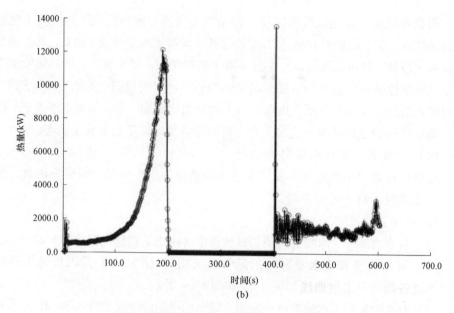

图 5-47　小油池火热释放速率（HRR）曲线（二）

（b）无水喷雾时

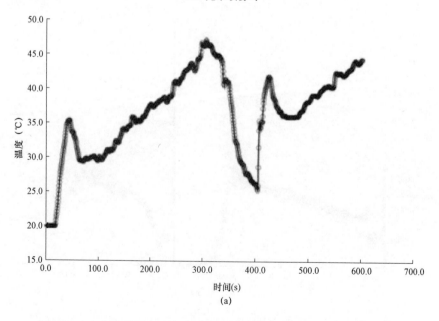

图 5-48　有水喷雾时小油池火场景防火阀门和防火百叶处温度（一）

（a）防火阀门 BF2-2-22 处温度

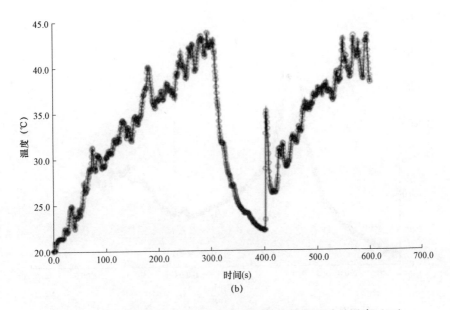

（b）

图 5-48　有水喷雾时小油池火场景防火阀门和防火百叶处温度（二）

（b）防火百叶 F2-2-5 处温度

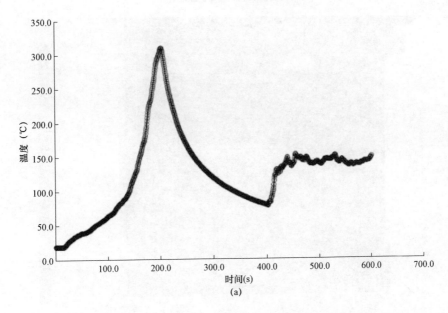

（a）

图 5-49　无水喷雾时小油池火场景防火阀门和防火百叶处温度（一）

（a）防火阀门 BF2-2-22 处温度

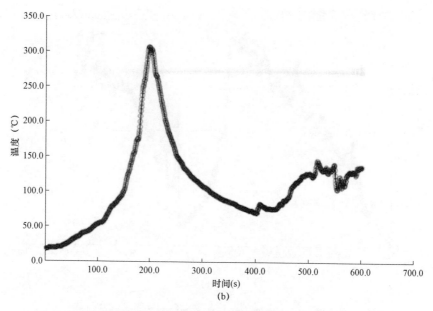
(b)

图 5-49　无水喷雾时小油池火场景防火阀门和防火百叶处温度（二）

（b）防火百叶 F2-2-5 处温度

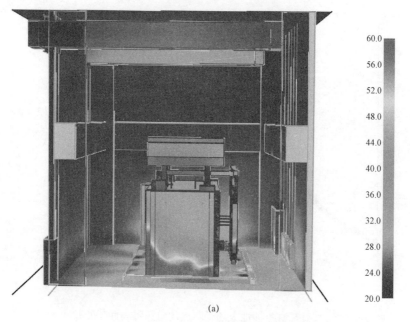
(a)

图 5-50　有水喷雾时小油池火场景壁面温度图（一）

（a）最大 HRR 时

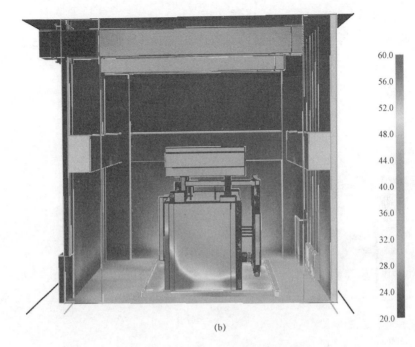

(b)

图 5-50　有水喷雾时小油池火场景壁面温度图（二）

（b）火焰熄灭时

图 5-51　小油池火场景最大 HRR 及熄灭时壁面温度图

2. 大油池 + 散热管火

（1）有水喷雾和无水喷雾时热释放速率（HRR）曲线比较如图 5-52 所示。

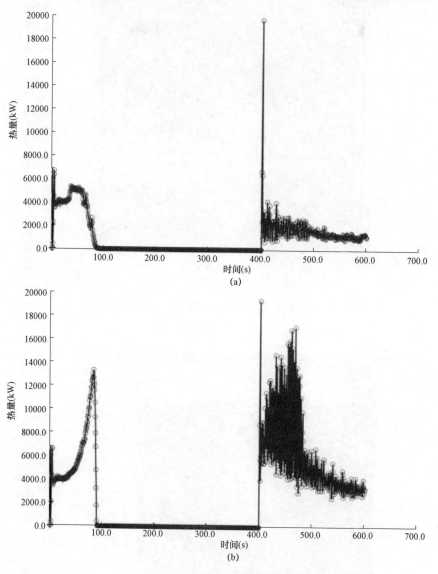

图 5-52　大油池 + 散热管火热释放速率（HRR）曲线

（a）有水喷雾时；（b）无水喷雾时

（2）有水喷雾和无水喷雾时风管防火阀门 BF2-2-22 及入口防火百叶 F2-2-5

处各场景下温度曲线如图 5-53 和图 5-54 所示。

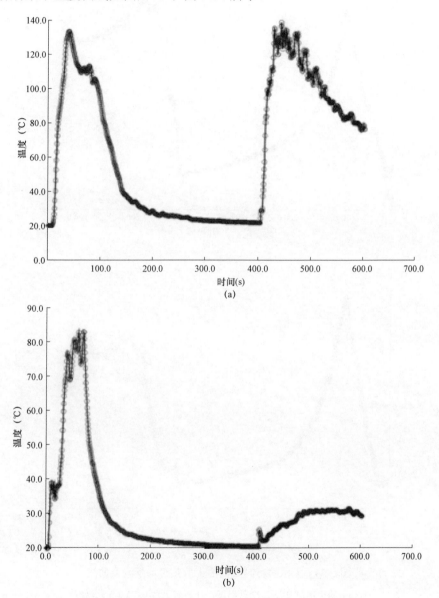

图 5-53　有水喷雾时大油池＋散热管场景温度曲线

（a）防火阀门 BF2-2-22 处温度；（b）防火百叶 F2-2-5 处温度

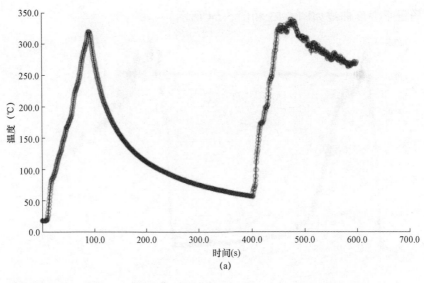

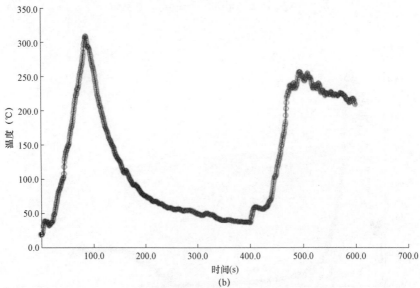

图 5-54　无水喷雾时大油池＋散热管场景温度曲线

（a）防火阀门 BF2-2-22 处温度；（b）防火百叶 F2-2-5 处温度

（3）有水喷雾和无水喷雾时大油池＋散热管场景壁面温度图如图 5-55 和图 5-56 所示。

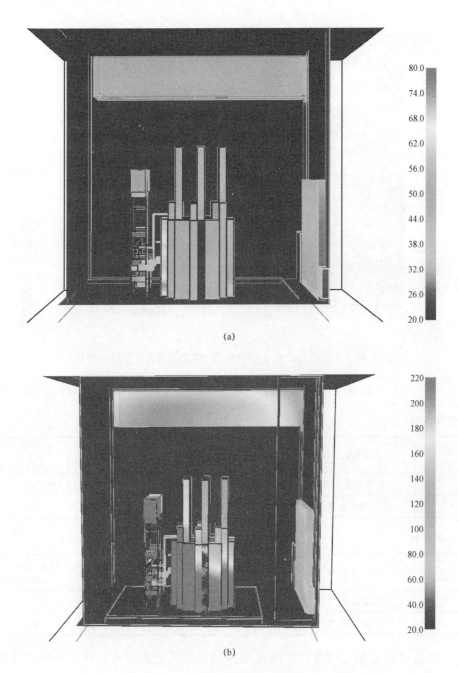

图 5-55　有水喷雾时大油池＋散热管场景壁面温度图

（a）最大 HRR 时；（b）火焰熄灭时

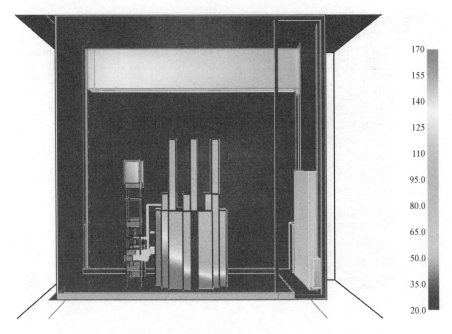

图 5-56　大油池＋散热管场景最大 HRR 及熄灭时壁面温度图

根据热释放速率（HRR）曲线，其数据对比如表 5-10 和表 5-11 所示。

表 5-10　　　　　　　　　　　**小油池火 HRR 值**

序号	场景	最大 HRR 时间 （s）	最大 HRR 值 （kW）	熄灭时间 （s）
1	有水喷雾系统	290	1700	323
2	无有水喷雾系统	190	12000	190

表 5-11　　　　　　　　　**大油池＋散热管火 HRR 值**

序号	场　景	最大 HRR 时间 （s）	最大 HRR 值 （kW）	熄灭时间 （s）
1	有水喷雾系统	50	5900	87
2	无有水喷雾系统	80	14000	80

由热释放速率（HRR）曲线比较可知，如果无水喷雾系统，热释放速率（HRR）将迅速上升至最高点，最后因窒息迅速熄灭。最大 HRR 值将是有水喷雾系统的数倍，将对房间的防火结构造成很大的威胁。

风管防火阀门 BF2-2-22 及入口防火百叶 F2-2-5 处各场景下温度，根据所列曲线，其数据对比如表 5-12 和表 5-13 所示。

表 5-12　　　　　　　　小油池火时防火阀门及防火百叶温度　　　　　　　　℃

序号	场景	主阀 BF2-2-22	防火百叶 F2-2-5
1	有水喷雾系统	48	45
2	无水喷雾系统	315	305

表 5-13　　　　　　大油池＋散热管火时防火阀门及防火百叶温度　　　　　℃

序号	场景	主阀 BF2-2-22	防火百叶 F2-2-5
1	有水喷雾系统	135	83
2	无水喷雾系统	335	310

由表 5-12 和表 5-13 对比可知，在无水喷雾情况下，无论是进口防火百叶还是排风管道中的防火阀，将超过其设计的耐火温度 280℃，破坏着火房间的密封性，不能起到阻止向其他区域火灾蔓延的功能。

根据壁面温度示意图，汇总数据对比如表 5-14 和表 5-15 所示。

表 5-14　　　　　　　　　　小油池火时壁面温度　　　　　　　　　　℃

序号	工　况	最高温度
1	有水喷雾系统	48
2	无水喷雾系统	140

表 5-15　　　　　　　　大油池＋散热管火时壁面温度　　　　　　　℃

序号	工　况	最高温度
1	有水喷雾系统	62
2	无水喷雾系统	155

在无水喷雾的情况下，因为建筑结构壁面的导热性差和火灾作用时间较短，壁面温度未超过混凝土安全温度 250℃。但由于地下变电站的特殊性，墙壁需承担巨大的压力，更应考虑火灾发生时期的救灾和结构保护作用，故应尽量降低壁面温度。

5.1.4　小结

（1）对于火灾危险性比较大的房间，如变压器间、电抗器间，应加强设备质量控制，在电气系统设计方面，应设置各种安全装置，从源头控制火灾发生。

（2）建筑、结构、消防、暖通、弱电等专业设计，应着眼于消防技术原则和策略，从设计开始，全局统筹地下变电站消防安全设计。从本章 FDS 数值模拟结果分析可知，房间围护结构，包括建筑隔墙、风管、百叶穿墙等材料选择及节点设计应满足耐火、防火要求。

（3）地下变电站火灾危险性比较大的房间，如变压器间、电抗器间等含油设备间，在建筑施工中，注意房间的各孔洞的封堵处理，使房间尽量处于密闭状态，以便使火源处于无氧环境，使火快速窒息熄灭，避免造成更大的危害。

（4）通过 FDS 数值模拟，可以发现突然开门等动作，会致使房间内剩余燃料热释放速率（HRR）出现突变峰值的剧烈回燃，意味着房间积累的可燃烟气与新进入的空气发生大范围混合后，发生强烈的燃烧，产生的温度及压力都很高，具有很大的破坏力，对进入该房间灭火人员构成生命威胁，建议通过延长水喷雾时间等降温措施加以避免。

（5）FDS 数值对各火灾场景的模拟，验证了水喷雾系统设置的必要性。水喷雾系统能大幅度减弱火灾的热释放速率（HRR），降低房间壁面、风管密闭阀门及进口防火百叶的温度，而且能够降低回燃风险。

5.2　超高压地下输变电工程接地技术

5.2.1　概述

城区地下变电站同普通城区变电站相比，地下变电站占地面积较大，桩基较多，短路电流大；地下变电站进出线一般采用电缆，发生短路故障时，缆芯和护套之间存在强烈的感应，从而影响故障电流的分布；地下变电站一般采用 GIS，相线和金属外壳之间的强烈电磁感应使得 GIS 金属外壳的电位分布极不均匀，GIS 不同位置之间存在极大的电位差，须考虑保证 GIS 接触电压安全性；城区地下变电站同商用、民用建筑共存，其接地系统直接或间接与管道或建筑物接地系统存在电气连接，所有共存设施建筑间相互影响。

本节主要是研究在城区地下变电站和周围民用、商用建筑物共存情况下，有效、准确地进行接地系统安全性评估，以保证变电站和公众人员的人身安全。在研究中将基于 500kV 虹杨地下变电站接地系统进行相关的计算和分析，通过准确模拟分析以避免传统经验法设计的地网存在安全隐患以及资源浪费等问题，探索城区变电站接地系统设计和施工设计准则，同时通过优化分析计算可以减少传统经验法设计的地网中存在的危险过电压、均压状况、资源浪费等现象，找到适合城区变电站接地系统的设计方案和准则，为此类接地系统的设计打下理论基础，降低城区变电站综合接地系统设计的盲目性及后期改造成本。

在超高压地下输变电工程接地技术研究中，除了常规的按照任何高电压设备的地网研究要求的评估工作外，还需考虑以下特殊元素与技术难点。

（1）城区地址问题。虹杨变电站主接地网尺寸为148.2m×68.4m，网格8m×8m，位于地下25.6m，四个转角处为圆弧，多处位置布置有长度为10.5m的接地棒。水平导体为150mm^{2}的铜绞线，等效半径为6.9mm。接地棒材料为铜包钢，半径为7.1mm。地下变电站占地面积较大，共600多根桩基钢筋，分为5种类型P1、P2、P3、P4、P5。其中P1、P2、P3、P4桩基逆作法施工阶段用作立柱桩，抗浮工况下用作抗拔桩，桩径ϕ1000mm，设计桩长尾56.1m，桩顶内置钢管混凝土柱。P5桩位抗浮工况下抗拔桩，桩径ϕ800mm，设计桩长为45m。P1、P2、P3、P4、P5在不同位置与水平地网，地下一层、二层、三层水泥钢筋以及主地网接连接。

（2）鉴于变电站市区位置，提供接地系统的空间有限，城区GIS变电站相对不独立，同其他民用、商用建筑接地系统有电气连接，城区变电站周边的低压配电地线和金属基础设施（如水管道）均直接或间接与变电站地网相连，它们会改变电流和地表电位（GPR），进而改变站内接触和跨步电压的分布。因而对于城区变电站接地系统的安全性评估，除了要建立变电站本身接地系统之外，还要建立电缆模型、周边受影响区域中建筑物的金属部分，因此需要建立包含变电站本身接地系统、周边相连变电站接地系统、电缆模型、相连楼层等在内的综合接地系统模型。接地系统计算、接地系统分析等都必须考虑与已有的整体电网以及周边设施之间的相互作用。

（3）地下电缆。城区GIS变电站进出线采用电缆，连接到GIS变电站的电缆护套必须进行详细准确分析，在短路故障情况下，电缆护套和缆芯之间有强烈感应，使得大部分故障电流通过护套返回到远端；此外，对于对短路电流没有贡献的电缆，其护套会起到一定的传导分流作用，无论什么情况，在分析时都需要准确考虑通过电缆散流的分流效应。

（4）高短路电流。地网接地设计应满足高故障电流的要求，即至少满足45.5kA总单相对地故障短路电流。

（5）多块土壤模型。地下大型变电站与普通电力变电站的根本区别在于：地下变电站通常占据一个更大的范围和包括不同层次的地下基础设施和大型地基，为了能够正确、准确地考虑到地下大型变电站接地系统的特点，采用的方法和软件工具必须满足这种复杂的系统；必须能够模拟地下空间层以及周边多层土壤模型的多块土壤模型。

具体的研究内容包括：

（1）基于站址地区土壤电阻率的测量数据进行土壤结构的分析和解释。

（2）基于地下 500kV 虹杨变电站进出线电缆和架空线路数据，建立单相对地情况的故障电流分布计算模型，确定通过接地网入地的最大入地电流。

（3）地下变电站接地网三维模型的建立，基于地下 500kV 虹杨变电站接地系统结构、尺寸和材料建立三维接地系统仿真计算模型。

（4）进行变电站接地系统的安全评估，确定接地电阻、接触电压、跨步电压、地表电位和接地导体的 GPR 等参数。分析中考虑电缆缆芯和护套之间的感应以及不同故障位置的影响。

（5）研究地下变电站地下桩基作为接地主网的可行性，确定地下桩基对于接地系统安全性能的影响。

5.2.2　地下变电站接地系统分析原则和评估方法

接地网是保证变电站安全运行不可缺少的组成部分，其性能好坏直接影响到安全性能和雷电流的散流。目前，在设计接地网时，仅考虑单层土壤结构和面积的影响。而在实际中进行接地网设计时，影响因素很多，如土壤结构、故障入地电流、周围存在的建筑物等。对于一些规范中没有具体要求的参数，大多根据自身的经验和理解进行布置。经常会出现施工后相关参数与设计值差别很大的情况。

大型地下变电站与普通电力变电站的根本区别在于：

（1）大型地下变电站通常占据一个更大的范围和包括不同层次的地下基础设施和大型地基。

（2）大型地下变电站的故障电流通常比较大。

（3）大型地下变电站多高压等级的存在，使得故障电流有很大一部分是环流（故障点和变压器电流源都在电站内）。

（4）大型变电站所占的大范围与周边楼层及水泥钢筋的连接，对变电站接地阻抗的减小起着良好的作用。

地下变电站占地面积较大，桩基较多，变电站为地下三层结构，为了能够正确、准确地考虑到地下大型变电站接地系统的特点，采用的方法和软件必须能够模拟地下空间层以及周边任意尺寸的土壤模型。

本节的计算结果是应用 CDEGS［CDEGS 含义为：电流分布（current distribution）、电磁场（electromagnetic fields）、接地（grounding）和土壤结构分析（soil structure analysis）］软件包而得出的。CDEGS 软件包是一套功能强大的集成软件工具，用来精确分析接地、电磁场、电磁干扰等问题。CDEGS可计算由埋设或地面上的带电导体组成的任意网络，在正常、故障、雷击等瞬态条件下的电流和电磁场。CDEGS 能模拟简单导体和组合导体，如裸线、有涂层的管道或者埋设在复杂土壤结构中的管装电缆系统。CDEGS 可以提供从简单的接地网设计，到考虑复杂感应由雷击等引发的埋设系统或地面系统复杂状态的解决方案。CDEGS 是目前世界上唯一能准确模拟任意土壤模型，从而精确计算复杂变电站接地系统及评估其安全性能的软件工具。

入地电流计算也是接地分析与设计中的一个重要方面。忽略入地电流计算，把短路总电流作为入地电流是一种非常保守的假设，这会造成接地网设计中的极大浪费。有时分流系数会被用来确定入地电流，在这种情形下，选择正确的分流系数是非常困难的，因为影响分流系数的因素很多。应用CDEGS 软件包中 Right-of-Way 模块，可以非常精确地计算包括任何线路的入地电流。

接地系统的分析主要包括计算接地电阻、电位升、接触电压和跨步电压。通常的接地分析是基于接地网等电位体的假设，这个假设在小接地网、高土壤电阻率及环流较小的情形下是成立的；在大接地网（比如大型地下变电站）、低电阻率或大环流的情形下则不成立。如果接地网的材料是钢而不是铜，这个问题就更加突出。此外，当线路中有故障电流流过时，架空地线、地下电缆护套或地线或 GIL 的管外壳中会感应一个相反方向的电流，该电流的流出降低了通过地网流入大地的电流，设计中若不考虑这部分电流会导致错误的结论。本项目采用 CDEGS 软件包中的 MALZ，非常精确地模拟这些情况，同时可以根据现场实际情况模拟复杂的土壤结构，正确、准确地考虑到地下大型变电站接地系统的特点，模拟地下空间层以及周边多层土壤模型的多块土壤模型，从而可以最大程度地贴近现场实际情况。最后，由于多高电压等级，大型地下变电站的故障电流有很大一部分是环流,计算中必须考虑环流对地网安全性能的影响。接地系统设计基本流程如图 5-57 所示。

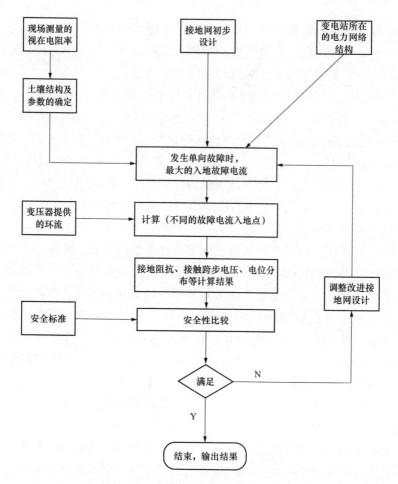

图 5-57　接地系统设计基本流程

5.2.3　地下变电站接地系统仿真和接地阻抗计算

土壤电阻率测量构成任何接地系统研究的基础，同一接地系统在不同的土壤模型中表现出完全不同的电气特性。因此首要工作就是进行土壤电阻率测量，确定电气等效的土壤结构。一般而言，接地系统的地电位升（GPR）主要决定于深层土壤（对应于大电极间距电阻率测量值）；而接触和跨步电压作为地电位升的百分比则取决于当地表层土壤特性（对应于短电极间距电阻率测量值）。

目前在进行土壤电阻率测量时，一般采用四极法。电极布置包括两个外侧电流注入电极和两个内侧电势电极，这些电极在同一条直线且为等间距布置。

通过两个外侧电极注入电流，测量两个内侧电极间的电压，从而得到视在电阻率。当相邻的电流、电压极相距较近，测量的土壤电阻率反映表层土壤的特性。当电极之间相距甚远，测量土壤电阻率反映深层平均土壤特性。原则上，最大土壤电阻率测量间距至少应是所研究的接地系统尺寸的几倍。图 5-58 反映了平均电极间距与测量土壤视在电阻率的对应关系，由图 5-58 可以看到，当电极间距为 100m 时，基本可以真实代表地下 50m 以内的土壤特性，而 50m 以外的土壤结构几乎完全不可知。

另一方面，土壤底层电阻率对接地网的性能有着极大的影响。考虑如图 5-59 所示的圆台体的电阻。首先将圆台体分解为许多高度为 Δr 的小圆台体，每一小圆台体的电阻 ΔR_i 近似为

$$\Delta R_i = \rho_i \frac{\Delta r}{(kr_i)^2} \tag{5-1}$$

式中　k——常数；
　　ρ_i——第 i 个小圆台体的密度值；
　　r_i——第 i 个小圆台体的半径。

而整个圆台体的电阻 R 为

$$R = \sum_{i=1}^{\infty} \rho_i \frac{\Delta r}{(kr_i)^2} = \frac{\Delta r}{k^2} \sum_{i=1}^{\infty} \frac{\rho_i}{r_i^2} \tag{5-2}$$

一个接地网的接地电阻正是多个圆台体电阻的并联。可以看到，当 $\rho_{10} = 10\rho_1$ 时，$R_1 = R_{10}$。就是说，如果第 10 层土壤电阻率是第 1 层的 10 倍，那么它们对接地电阻的贡献是同样的。

根据接地网的不同尺寸，所要了解的大地土壤电阻率的深度也要有所不同。更确切地说，就是接地网越大，所要了解的土壤电阻率的深度越大。一般而言，接地系统的地电位升（GPR）主要决定于深层土壤（对应于大电极间距电阻率测量值）；而接触和跨步电压作为地电位升的百分比则取决于当地表层土壤特性（对应于短电极间距电阻率测量值）。

500kV 虹杨变电站土壤电阻率测量共完成 16 个测点位置测量，采用 WDDS-1 型数字电阻率测量仪，结合常规对称四极电测深法进行测量，虹杨地下变电站的研究周边土壤模型采用虹杨 500kV 变电站土壤电阻率测试报告中经解释得到的四层土壤模型，而电站多层楼层中间空气的多块土壤模型如表 5-16、图 5-60 所示，该模型为本报告所有计算的基础土壤模型，图 5-61 和图 5-62 为显示四层土壤与接地系统位置关系的剖面图，图 5-63 为周边四层土壤模型的计算机模型。

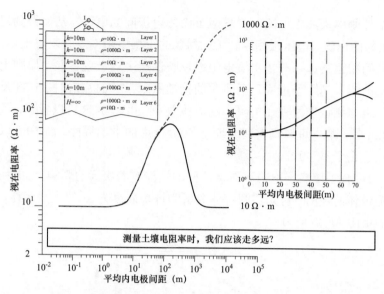

图 5-58　相邻电流电压极间距与测量土壤视在电阻率的对应关系

GROUND RESISTANCE

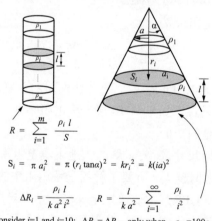

$$R = \sum_{i=1}^{m} \frac{\rho_i\, l}{S}$$

$$S_i = \pi\, a_i^2 = \pi\, (r_i \tan\alpha)^2 = k r_i^2 = k(ia)^2$$

$$\Delta R_i = \frac{\rho_i\, l}{k\, a^2\, i^2} \qquad R = \frac{l}{k\, a^2} \sum_{i=1}^{\infty} \frac{\rho_i}{i^2}$$

Consider $i=1$ and $i=10$: $\quad \Delta R_i = \Delta R_{10}$ only when $\quad \rho_{10} = 100\rho_1$

图 5-59　土壤底层电阻率对大接地网的性能的影响

表 5-16　　　　　　　　　　　虹杨 500kV 变电站土壤结构

	土壤电阻率（Ω·m）	深度（m）		参量	数值
周边多层土壤	800	0～1.3	中间空气腔	长（m）	163.5
	40	1.3～5.5		宽（m）	67.65
	7	5.5～30		上顶深度（m）	5.6
	60	30～50		下底深度（m）	25

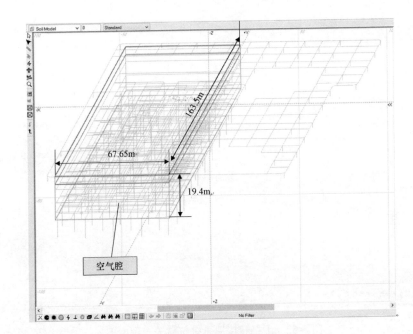

图 5-60　多块土壤空气腔计算机模型

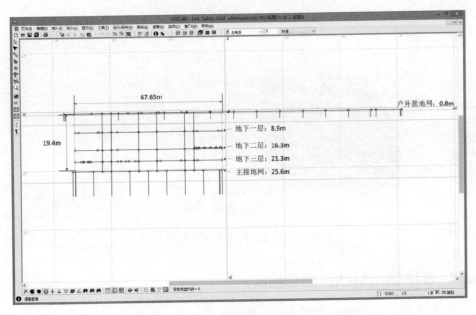

图 5-61　土壤和接地系统位置关系剖面图

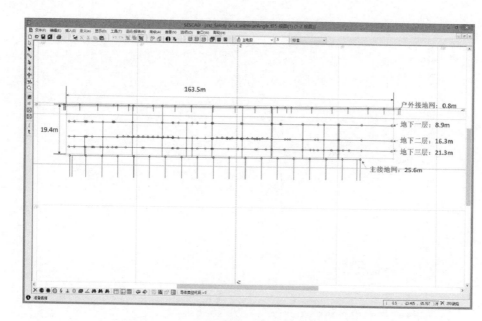

图 5-62　土壤和接地系统位置关系剖面图

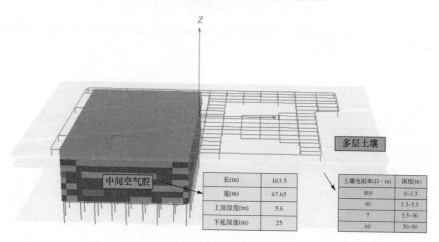

长(m)	163.5
宽(m)	67.65
上顶深度(m)	5.6
下底深度(m)	25

土壤电阻率(Ω·m)	深度(m)
800	0~1.3
40	1.3~5.5
7	5.5~30
60	30~50

图 5-63　周边四层土壤计算机模型

5.2.4　虹杨变电站接地网络的构成

虹杨变电站接地网络主要由 6 个部分组成：一层户外接地网，地下一层接地干线，地下二层接地干线，地下三层接地干线、主接地网以及 2 个电压等级的 GIS。所有提供的变电站地网以及 GIS 模型都是二维平面的，根据现有的二维模型及数据，成功准确建立了整个变电站接地网及 GIS 和其专有接地网络及所有影响地网安全性能的元素，该完整、庞大的三维模型用于计算变电站接地阻抗、各部位电位升、接触和跨步电压等，从而用于评估地网的安全性能。

5.2.4.1　主接地网

虹杨变电站主接地网尺寸为 148.2m×68.4m，网格 8m×8m，位于地下25.6m，4 个转角处为圆弧，多处位置布置有长度为 10.5 m 的接地棒。水平导体为 150mm^2 的铜绞线，等效半径为 6.9mm，其相对电阻率（对铜）为 1，相对磁导率（对空气）为 1。接地棒材料为铜包钢，相对电阻率（对铜）为 12，相对磁导率（对空气）为 250，半径为 7.1mm。图 5-64～图 5-68 为整个地下变电站接地系统各部位的计算机平面图，图 5-69 为虹杨变电站主接地网三维模型。

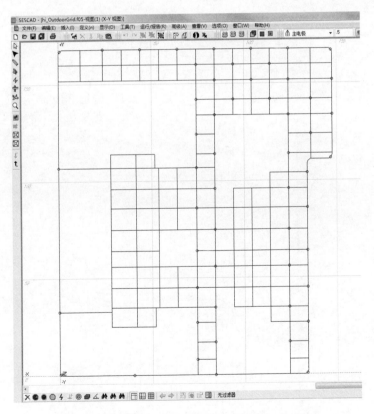

图 5-64　虹杨变电站户外接地网二维模型：地下 0.8m

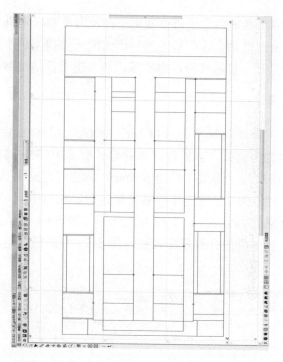

图 5-65　虹杨变电站地下一层地网二维模型：地下 8.9m

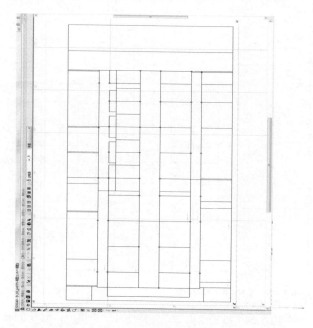

图 5-66　虹杨变电站地下二层地网二维模型：地下 16.3m

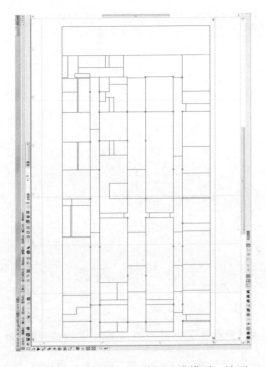

图 5-67　虹杨变电站地下三层地网二维模型：地下 21.3m

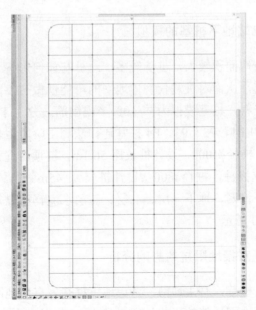

图 5-68　虹杨变电站主接地网二维模型：地下 25m

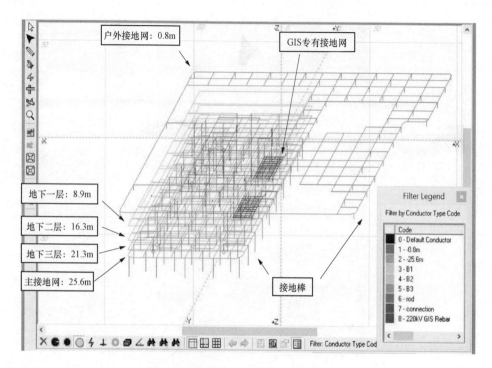

图 5-69　虹杨变电站主接地网三维模型

5.2.4.2　虹杨变电站地下桩基的模拟

地下变电站占地面积较大，桩基较多，对桩基如何影响地下变电站安全性能做分析计算研究，从而对桩基代替主地网的可能性做初步探讨。

根据提供的资料，桩基模拟为共 600 多根钢筋，分为 P1、P2、P3、P4、P5 五种类型。其中 P1、P2、P3、P4 桩基逆作法施工阶段用作立柱桩，抗浮工况下用作抗拔桩，桩径ϕ1000，设计桩长尾 56.1m，桩顶内置钢管混凝土柱。P5 桩位抗浮工况下抗拔桩，桩径ϕ800，设计桩长为 45m。P1、P2、P3、P4、P5 在不同位置与水平地网、地下一层、二层、三层水泥钢筋以及主地网接连接，三维模型如图 5-70 所示。

5.2.4.3　地下桩基对接地阻抗的影响分析

对不考虑地下桩基，有主地网；考虑地下桩基，有主地网两种情况做模拟分析。地下桩基对地网性能的影响如表 5-17 所示。

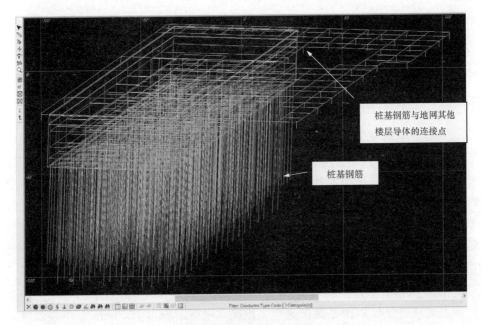

图 5-70　地下桩基 3D 模型

表 5-17 接地电阻：地下桩基对地网性能的影响

模拟分析项目	接地电阻（Ω）
不考虑地下桩基，有主地网	0.083∠2.94°
考虑地下桩基，有主地网	0.0714∠2.85°

电站接地电阻考虑桩基时，从原来的 0.083Ω下降到 0.0714Ω，下降 14%［下降率 $C=$（$R_{无桩基}-R_{有桩基}$）$/R_{无桩基}×100\%$］。可以看到：庞大的桩基对地下变电站接地性能有比较明显的影响。

5.2.5　电站最大入地短路电流的计算和分析

入地电流计算也是接地分析与设计中的一个重要方面。忽略入地电流计算，把短路总电流作为入地电流是一种非常保守的假设，这会造成接地网设计中的极大浪费。有些设计者会基于典型分流系数确定入地电流值，可以想象，这样的典型数据很难适合每个研究的电站，得到的结果十分勉强粗略。此外，如果要实际测量分流系数也十分困难。众所周知，对于含有电缆的电网系统，要确定正确的分流系数更是非常困难，因为影响分流系数的因素很多，电缆护套对缆芯间的强烈感应使得大量电流由护套回到远端电站。借助于工具软件 CDEGS

可以模拟包括地网、地线、杆塔、杆塔接地系统、电缆和站内变压器等每个电力网络元器件，精确到每个元素，进而计算故障电流分布，确定入地电流和地线、护套的回流。

5.2.5.1 地下变电站电缆分流等值网络

虹杨变电站主变压器容量本期 2×1500MVA，远期 3×1500MVA。主要以 500kV/220kV/66kV 三个电压等级构成，采用单相、自耦、无励磁调压变压器，变压器中性点直接接地。虹杨变电站进出线全部采用电缆，500kV 进线采用双回 YJLW03 交联聚乙烯绝缘皱纹铝聚乙烯护套电力电缆，电缆截面积为 2500mm^2，经隧道敷设延伸 15.9km 至远端杨行变电站，杨行变电站主变压器容量 2×1200＋2×750MVA；本期两回进线，远期三回进线，500kV 采用带断路器的线路变压器组接线方式。220kV 本期出线 14 回，双母线双分段，全部经 PVC 排管敷设引至各个远端变电站，其中至静安变电站 2 回，采用 YJLW03 交联聚乙烯绝缘皱纹铝聚乙烯护套电力电缆，横截面积为 1000mm^2，电缆长度为 18km，静安变电站主变压器容量 2×1500MVA；至钢铁 1 回，电缆类型 YJLW02-127/220kV-1×630mm^2，电缆长度 3.1km，钢铁站主变压器容量 2× 120MVA；至民和 1 回，电缆类型 YJLW02-127/220kV-1×1000mm^2，长度 6km，民和变电站主变压器容量 3×180MVA；至新江湾 1 回，电缆类型 YJLW02-127/220kV-1×1000mm^2，长度 3.6km，新江湾变电站主变压器容量 3× 240MVA；至温藻浜两回，电缆类型 YJLW02-127/220kV-1×2500mm^2，电缆长度 6.1km，蕰藻浜变电站主变压器容量 3×240MVA；至逸仙两回，电缆类型 YJLW02-127/220kV-1×1000mm^2，长度 0.6km，逸仙变电站主变压器容量 2× 240MVA；至政立两回，电缆类型 YJLW02-127/220kV-1×1000mm^2，长度 1.3km，政立变电站主变压器容量 2×240MVA；至五角场 3 回，电缆类型 YJLW02-127/220kV-1×2500mm^2，长度 3.4km，五角场变电站主变压器容量 2× 240MVA。220kV 远期 21 回出线，双母线（双）三分段。

进出线电缆全部采用电缆金属护套交叉互连两端直接接地方式，各远端变电站接地系统的接地电阻均按 0.5Ω考虑。

虹杨变电站高压系统网络计算机模型如图 5-71 所示。确定各远端变故障电流和通过虹杨变电站入地的电流过程中使用的电缆的参数如表 5-18 和表 5-19 所示。PVC 排管敷设示意图如图 5-72 所示。500kV 虹杨变电站 5000kV 母线单相短路接地系统等值阻抗图如图 5-73 所示。500kV 虹杨变电站 220kV 母线单相短路接地系统等值阻抗图如图 5-74 所示。

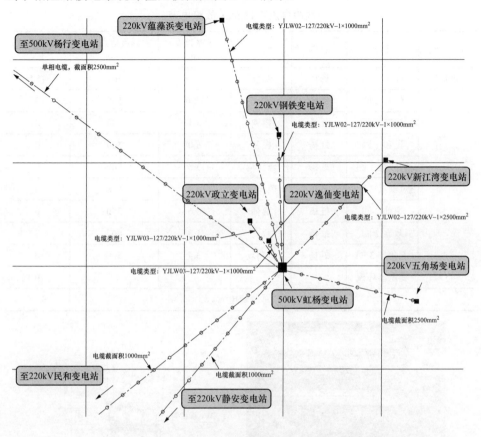

图 5-71　500kV 虹杨变电站高压系统网络计算机模型

表 5-18　　　　　虹杨 500kV 和 220kV 故障情况下故障电流的计算值

故障情况		虹杨 220kV 母线		虹杨 500kV 母线	
		三相短路 I_k/（kA）	单相接地短路 $3I_0$/kA	三相短路 I_k/kA	单相接地短路 $3I_0$/kA
杨行、虹杨并	杨行东 2 号变压器＋虹杨 2 号变压器	37.7	45.5	39.7	42.6
	杨行东 1 号变压器＋虹杨 2 号变压器	32.7	40.4	39.7	42.3
	杨行东 2 号变压器＋虹杨 1 号变压器	29.3	34.4	39.7	42.1
杨行、虹杨分	虹杨 2 号变压器	25.7	32.7	40.0	42.6

表 5-19　　虹杨变电站 220kV 母线发生单相短路情况下各终端提供的
故障电流：45.5kA 故障电流

电压等级	线路	起点	终点	线路长度（km）	护套接地点间距（m）	电流贡献（kA）
500kV	杨行 2 回	杨行	虹杨	15.9	500	45.5
220kV	静安 2 回	虹杨	静安	18.0	500	0
	钢铁 1 回	虹杨	钢铁	3.1	500	0
	民和 1 回	虹杨	民和	6.0	500	0
	新江湾 1 回	虹杨	新江湾	3.6	500	0
	蕴藻浜 2 回	虹杨	蕴藻浜	6.1	508	0
	逸仙 2 回	虹杨	逸仙	0.6	350	0
	政立 2 回	虹杨	政立	1.3	467	0
	五角场 3 回	虹杨	五角场	3.4	500	0
	变压器环流					0
总故障电流						45.5

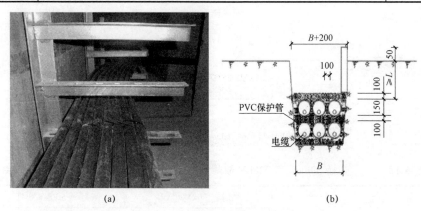

图 5-72　PVC 排管敷设示意图

（a）实物图；（b）结构图

5.2.5.2　地下变电站短路情况下入地电流分流计算和分析

计算 220kV 虹杨变电站发生站内单相短路故障情况时，故障电流在虹杨变电站接地系统和电缆护套中的分布的网络拓扑模型是利用 CDEGS 软件的 ROW（TRALIN/SPLITS）模块计算分析。

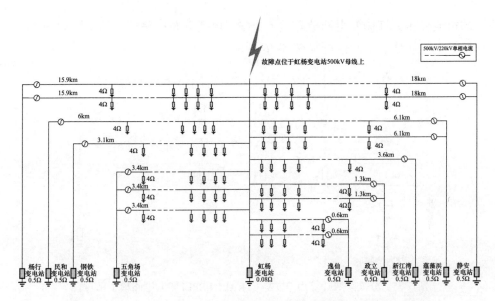

图 5-73　500kV 虹杨变电站 5000kV 母线单相短路接地系统等值阻抗图

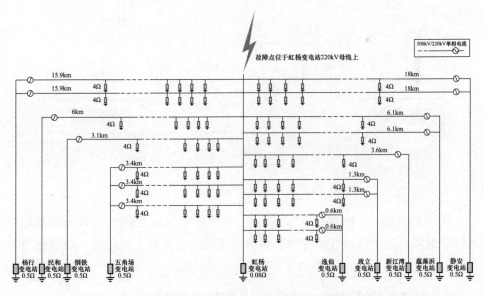

图 5-74　500kV 虹杨变电站 220kV 母线单相短路接地系统等值阻抗图

ROW（TRALIN/SPLITS）模块采用电路的方式进行，即采用 TRALIN 模块建模求取线路参数：自阻抗、互阻抗和分路阻抗；SPLITS 模块建立整个拓扑网络的电路模型，基于指定的激励求取电流在接地系统、架空地线和电缆护套中的电流分布。虹杨变电站故障电流 ROW 电流分布电路模型示意图如图 5-75 所示。电缆接地状况示意图如图 5-76 所示。

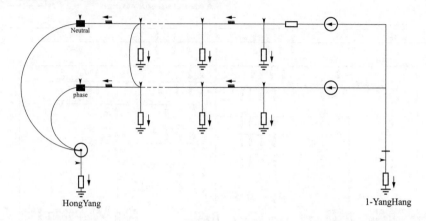

图 5-75　分流系数计算用 ROW（TRALIN/SPLITS）电路模型示意图

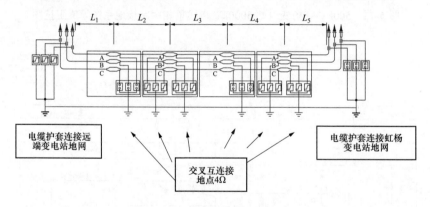

图 5-76　电缆接地状况示意图

使用 CDEGS 中 ROW 程序，确定虹杨变电站站内 220kV 母线发生单相对地短路故障情况下通过虹杨变电站接地系统流入大地的入地电流，计算结果如表 5-20 所示。

表 5-20　虹杨变电站 220kV 母线单相短路故障时的故障电流分布（ROW）

序号	终端号	远端	电流贡献（kA）	电缆护套分流（kA）		入地电流（kA）		入地电流分流系数（%）
500kV	1	杨行	45.5	44.507	∠−173.178	5.446	∠−76.102	11.97

5.2.5.3 地网安全性能评估

一、安全设计标准

根据 GB/T 50065—2011《交流电气装置的接地设计规范》，接触和跨步电压安全值依据以下公式计算得出，结果如表 5-21 所示。

表层衰减系数 C_s 为

$$C_s = 1 - \frac{0.09\left(1 - \dfrac{\rho}{\rho_s}\right)}{2h_s + 0.09} \tag{5-3}$$

式中　ρ_s——地表层电阻率，$\Omega \cdot m$；

　　　ρ——地表层下面的电阻率 $\Omega \cdot m$；

　　　h_s——表层厚度。

地表层的电阻率 ρ_s 为 $800\Omega \cdot m$（测量值）或 $30\Omega \cdot m$（潮湿水泥典型值）；地表层下面的电阻率 ρ 为 $40\Omega \cdot m$；表层衰减系数 C_s 为 0.968（表层土壤 $800\Omega \cdot m$ 或 1.01115（表层土壤 $30\Omega \cdot m$）；故障清除时间 t_s 为 0.33s（220kV）或 0.25s（500kV）。

接触电压和跨步电压的允许值为

$$U_t = \frac{174 + 0.17\rho_s C_s}{\sqrt{t_s}} \tag{5-4}$$

$$U_s = \frac{174 + 0.7\rho_s C_s}{\sqrt{t_s}} \tag{5-5}$$

式中　U_t——接触电位差允许值，V；

　　　U_s——跨步电位差允许值，V；

　　　t_s——接地故障电流持续时间与接地装置热稳定校验的接地故障等效持续时间 t_e 取相同值，s。

表 5-21　　　　　　　　　　计算得到的接触及跨步电压安全值

表层土壤电阻率 （$\Omega \cdot m$）	电压等级 （kV）	接触电压允许值 （V）	跨步电压允许值 （V）
800（测量值）	220	532.5	1246.5
	500	611.3	1432.2
30（潮湿水泥）	220	311.9	339.9

表层土壤电阻率 （Ω·m）	电压等级 （kV）	接触电压允许值 （V）	跨步电压允许值 （V）
30（潮湿水泥）	500	360.2	390.5
1000（潮湿碎石）	220	587.0	1472.7
	500	674.4	1692.0

二、导体热稳定性

虹杨地网导体为 $150mm^2$ 的铜绞线，对于最大故障持续时间 0.33s，使用 SESAmpacity 模块计算分析，电流热容量为 68.5kA（RMS），最大总故障电流是 45.5kA。因此，即使假设全部总故障电流流经一个导体，比如故障点连接设备或结构的导体，$150mm^2$ 的铜绞线足够满足热容量要求。

三、地网接地电阻分析

将虹杨变电站接地系统置于考虑变电站层与层之间的空气，在 4 层多块土壤模型中，采用 MALZ 模块进行模拟计算，地下变电站接地系统的接地阻抗计算值为 $0.083\angle2.940°\Omega$。根据 GB/T 50065—2011，接地系统接地阻抗宜小于 $2000/I$（I 为流经接地系统的入地电流），虹杨地下变电站 220kV 单相故障，在十分保守的计算条件下，最大入地电流为 5.446kA，2/5.446＝0.367Ω，虹杨地下变电站接地电阻远远小于要求值。

四、地网安全评估

对不同短路故障情况下，地下变电站电网电位、关键部位地面电位分布以及接触及跨步电压进行了计算，使用 CDEGS 中 MALZ 接地软件模块。出现故障的位置选在断路器（F1）、GIS 附近开关（F2）、主变压器（F3），这些典型单相接地故障通常发生的地方。图 5-77 是典型单相接地故障位置示意图，每个故障情况下都考虑了故障点与电缆护套、地网连接点之间的环流。发生短路故障时，入地电流对整个地网的电位升有较大贡献。为了考虑环流的影响，在故障位置 F1 或 F2 或 F3 注入总故障电流，在每个护套与地网连接点注入护套分走的电流。注意，如果忽略了环流（如通常传统的软件，视接地系统为等位体），则会得出低于正常值的错误结论。图 5-78 所示为故障点及电流从地网流入/出点示意图。

对不同的故障点，不同电压等级，计算了相应的地网电位升、地面电位升、接触与跨步电压。

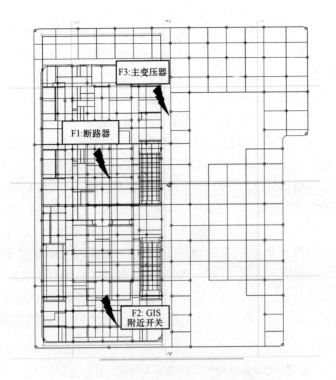

图 5-77 典型单相接地故障位置示意图

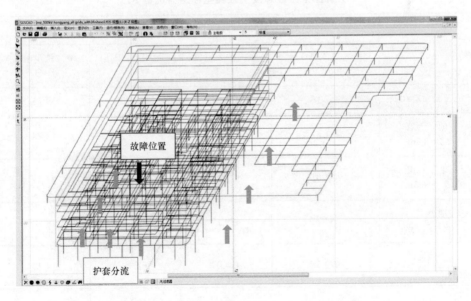

图 5-78 故障点及电流从地网流入/出点示意图

考虑地下变电站空气层，用多块土壤模型，对故障位置在断路器（F1）、GIS 附近开关（F2）、主变压器（F3）3 个典型故障点（考虑护套环流），计算 220kV 母线短路时，在最大保守故障电流情况下，得到相应的全站接地系统地电位升、关键部位电位、地表电位、接触和跨步电压分布。表 5-22～表 5-24 总结了在各种故障情况下的安全性能评估的最大值。

由这些计算结果可以看出，全虹杨地下变电站地导体电位升达 642.64 V（见表 5-24），最高地面电位达 580.29V（见表 5-24）。全地下变电站人员可去的任何地方最大跨步电压为 23.27V，小于跨步电压保守安全值 339.9V（见表 5-21）。站内人员可接触的地方最大接触电压为 203.21V，小于接触电压保守安全值 311.9V（见表 5-21）。图 5-79～图 5-83 为故障点在断路器 220kV 故障下不同导体组的导体地电位升分布；图 5-84～图 5-88 为故障点在断路器 220kV 故障下不同位置接触电位分布；图 5-89～图 5-93 为故障点在断路器 220kV 故障下不同位置跨步电压分布；图 5-94～图 5-98 为故障点在断路器 220kV 故障下不同位置地表电位分布，（注：为节省报告篇幅，这里只给出了故障点在断路器 220kV 故障下的图形）。

表 5-22　　　发生单相短路故障时，虹杨地下变电站各部位安全评估
计算结果：故障发生在典型断路器位置 F1

观测面位置	220kV 母线发生故障时（45.5kA）			
	最大导体电位升 GPR（V）	最大地表电位（V）	最大接触电压（V）	最大跨步电压（V）
地表面（Z=0）	462.16	458.21	154.77	19.25
地下一层（Z=8.9m）	471.62	476.55	125.92	13.88
地下二层（Z=16.3m）	634.01	572.22	201.33	23.27
地下三层（Z=21.3m）	487.72	489.17	142.88	18.29
主接地网（Z=25m）	479.58	478.07	62.81	14.20
桩基	n/a	n/a	169.2	n/a

表 5-23　　发生单相短路故障时，虹杨地下变电站各部位安全评估
计算结果：故障发生在典型 GIS 开关 F2

观测面位置	220kV 母线发生故障时（45.5kA）			
	最大导体电位升 GPR（V）	最大地表电位 （V）	最大接触电压 （V）	最大跨步电压 （V）
地表面（$Z=0$）	458.03	455.38	157.36	19.61
地下一层 （$Z=8.9$m）	463.64	463.29	130.87	14.39
地下二层 （$Z=16.3$m）	594.65	533.65	177.31	19.33
地下三层 （$Z=21.3$m）	466.13	466.21	148.12	18.98
主接地网 （$Z=25$m）	459.29	457.64	58.71	13.20

表 5-24　　发生单相短路故障时，虹杨地下变电站各部位安全评估
计算结果：故障发生在典型主变位置 F3

观测面位置	220kV 母线发生故障时（45.5kA）			
	最大导体电位升 GPR（V）	最大地表电位 （V）	最大接触电压 （V）	最大跨步电压 （V）
地表面（$Z=0$）	467.09	462.91	157.57	19.67
地下一层 （$Z=8.9$m）	479.01	484.22	124.26	14.35
地下二层 （$Z=16.3$m）	642.64	580.29	203.21	23.05
地下三层 （$Z=21.3$m）	496.86	497.15	138.42	17.61
主接地网 （$Z=25$m）	488.41	486.32	64.16	14.49

导体金属的GPR，幅值（V）

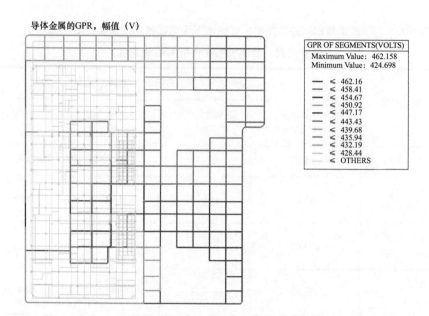

图 5-79　地下变电站地表导体电位升：短路故障点在断路器 220kV 母线–F1

导体金属的GPR，幅值（V）

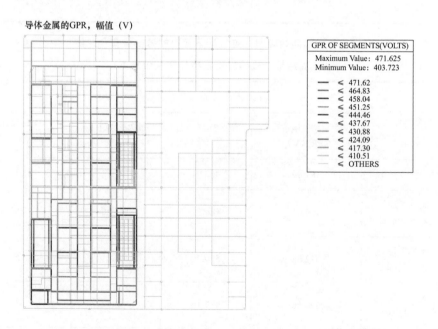

图 5-80　地下变电站地下一层导体电位升：短路故障点在断路器 220kV 母线–F1

导体金属的GPR，幅值（V）

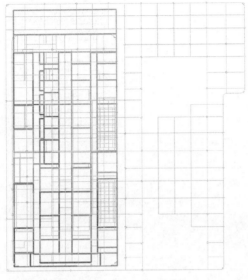

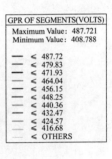

图 5-81　地下变电站地下二层导体电位升：短路故障点在断路器 220kV 母线–F1

导体金属的GPR，幅值（V）

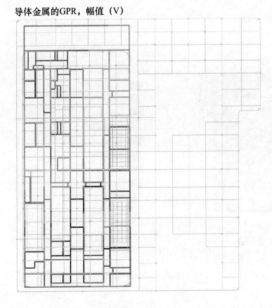

图 5-82　地下变电站地下三层导体电位升：短路故障点在断路器 220kV 母线–F1

导体金属的GPR，幅值（V）

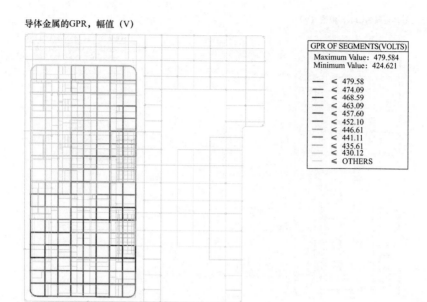

图 5-83　地下变电站主地网导体电位升：短路故障点在断路器 220kV 母线– F1

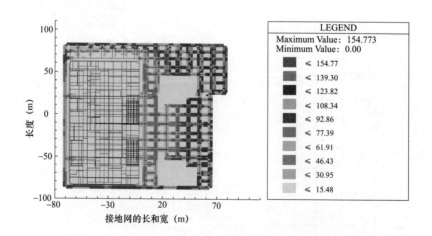

图 5-84　地下变电站地表接触电压：短路故障点在断路器 220kV 母线– F1

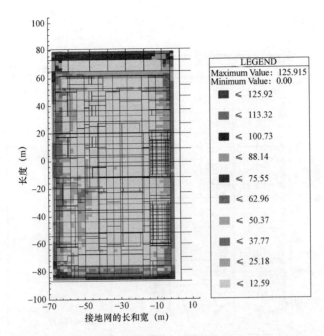

图 5-85　地下变电站地下一层接触电压：短路故障点在断路器 220kV 母线–F1

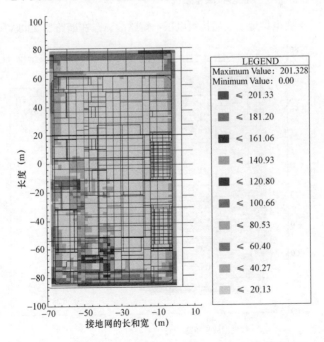

图 5-86　地下变电站地下二层接触电压：短路故障点在断路器 220kV 母线–F1

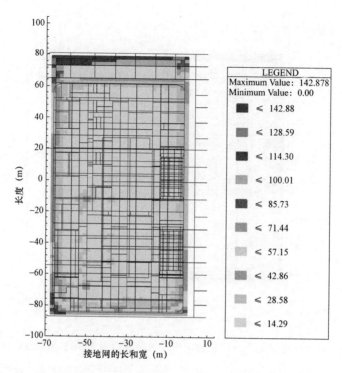

图 5-87　地下变电站地下三层接触电压：短路故障点在断路器 220kV 母线– F1

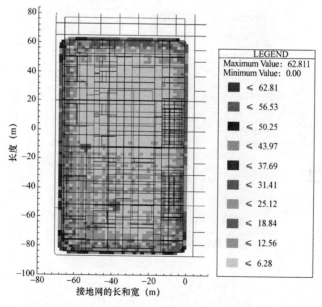

图 5-88　地下变电站主地网接触电压：短路故障点在断路器 220kV 母线– F1

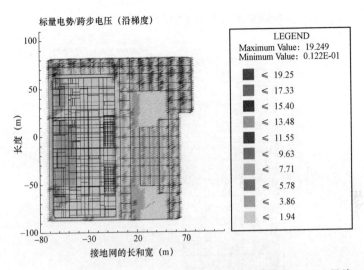

图 5-89　地下变电站地表跨步电压：短路故障点在断路器 220kV 母线–F1

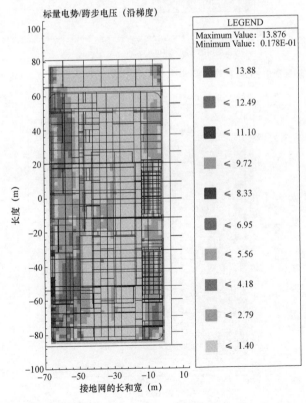

图 5-90　地下变电站地下一层跨步电压：短路故障点在断路器 220kV 母线–F1

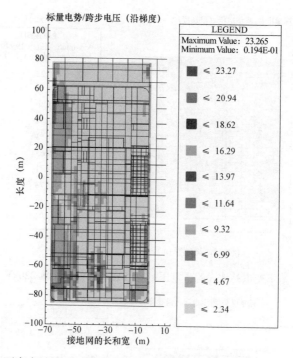

图 5-91　地下变电站地下二层跨步电压：短路故障点在断路器 220kV 母线–F1

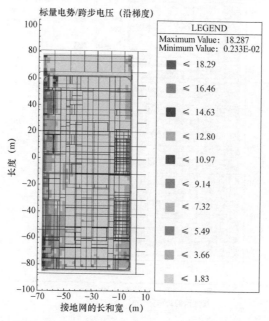

图 5-92　地下变电站地下三层跨步电压：短路故障点在断路器 220kV 母线–F1

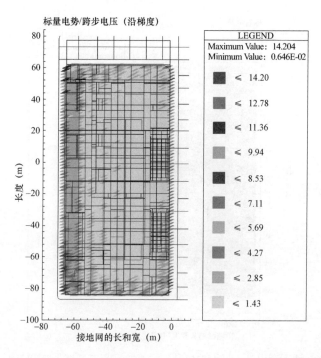

图 5-93　地下变电站主地网跨步电压：短路故障点在断路器 220kV 母线–F1

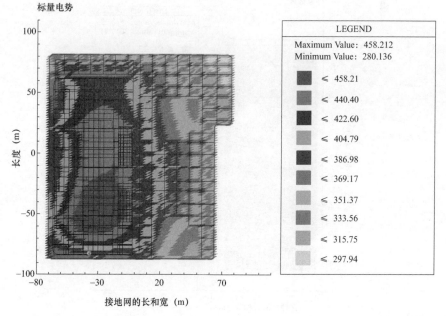

图 5-94　地下变电站地表地电位升：短路故障点在断路器 220kV 母线–F1

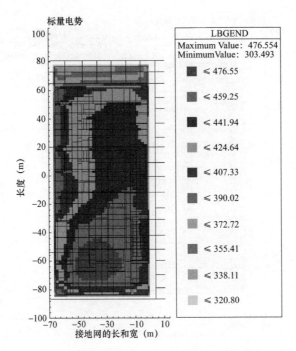

图 5-95　地下变电站一层地电位升：短路故障点在断路器 220kV 母线– F1

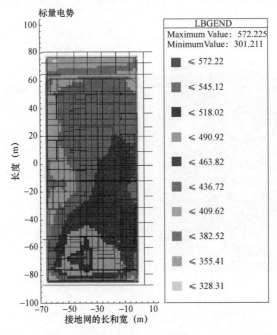

图 5-96　地下变电站地下二层地电位升：短路故障点在断路器 220kV 母线– F1

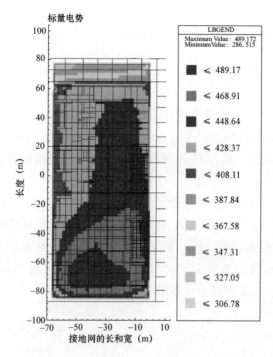

图 5-97　地下变电站地下三层地电位升：短路故障点在断路器 220kV 母线– F1

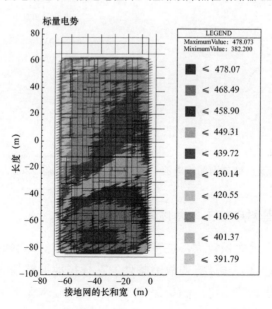

图 5-98　地下变电站主地网处地电位升：短路故障点在断路器 220kV 母线– F1

5.2.5.4 地下桩基热稳定安全性计算评估

根据 GB 50010—2010《混泥土结构设计规范（2015 年版）》规定构件的最高表面温度。当建筑物遭受雷击时，电流流经需要验算疲劳的构件的雷电流已分流到足够小，从而确保导体的升温在安全范围。经过与相关专家协调沟通，工频电流温度影响按热稳定公式，桩基钢筋温度可控制在 100℃内。钢筋的起始温度按 40℃，所以桩基钢筋由于故障电流引起的升温应控制在 60℃以内。

虹杨变电站 220kV 故障下，流经桩基钢筋的最大电流为 1193A（如图 5-99所示），桩基钢筋直径（最小）为 80mm，对于最大故障持续时间为 0.33s，使用 SESAmpacity 模块计算分析，桩基钢筋表面温升仅 0.004℃，钢筋起始温度取 40℃，钢筋的最高温度为 40.004℃，远远小于 100℃要求值，热稳定性满足安全要求。图 5-100 显示桩基热容量稳定性计算结果。

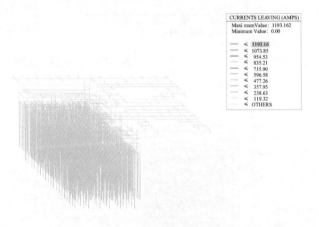

图 5-99　通过桩基钢筋的电流：短路故障点在断路器 220kV 母线– F1

5.2.5.5 地下桩基对电站主地网性能影响研究分析

地下变电站占地面积较大，桩基较多，对桩基如何影响地下变电站安全性能的影响做分析计算。对计算的故障条件，在模拟地下桩基的情况下，虹杨变电站全部接触电压、跨步电压满足保守 30Ω·m 潮湿水泥下接触跨步电压安全值，计算结果如表 5-25 所示。

图 5-100　桩基钢筋热容量稳定性计算结果：短路故障点在断路器 220kV 母线– F1

表 5-25　　220kV 单相短路故障时，最大导体地电位升 GPR、接触与
跨步电压（V）：地下桩基对地网性能的影响

项　　目	最大 GPR（V）		最大接触电压（V）		最大跨步电压（V）	
	地表下地网	地下二层	地表	地下二层	地表	地下二层
不考虑地下桩基，有主地网	467.09	642.64	154.77	203.21	26.44	67.90
考虑地下桩基，有主地网	459.56	613.06	161.34	185.04	20.13	64.05

由此可得，故障 220kV 母线最大短路电流水平 45.5kA 下，地网金属导体最大地电位升 GPR 不考虑桩基时为 642.64V，考虑桩基时下降到 613.06V，下降 4.6%［下降率 $A=（U_{桩基}-U_{无桩基}）/U_{无桩基}×100\%$］；地网最大接触电压不考虑桩基时为 203.21V，考虑桩基时下降到 185.04V，下降 8.9%［下降率 $A=（U_{桩基}-U_{无桩基}）/U_{无桩基}×100\%$］；地下变电站最大跨步电压不考虑桩基时为 67.90V，考虑桩基时下降到 64.05V，下降 5.67%［下降率 $A=（U_{桩基}-U_{无桩基}）/U_{无桩基}×100\%$］。

5.2.6 小结

经过数据调研与计算机模拟计算，500kV 地下变电站地网安全性能研究总结如下：

（1）变电站接地电阻。根据提供的土壤测量数据，经与上海电力经济技术研究院协商，虹杨地下变电站的研究周边土壤模型采用虹杨 500kV 变电站土壤电阻率测试报告中经解释得到的四层土壤模型，考虑电站多层楼层中间空气，最终使用多块电气等效土壤结构见表 5-16、图 5-60～图 5-63。

（2）基于分析得到的土壤模型，通过 CDEGS 软件的 MALZ 模块进行模拟计算，变电站全站接地系统考虑与不考虑地下桩基的接地阻抗计算值为 0.0714 $\angle 2.850$～$0.083 \angle 2.940 \Omega$，满足 GB/T 50065—2010 标准中接地系统接地阻抗宜小于 2000/I（I 为流经接地系统的入地电流）要求值。

（3）分流系数。鉴于没有潮流分析故障下各远端变电站/发电站的电流贡献相关数据，采用保守的方式进行了详细估算。因 500kV 单相短路电流水平小于 220kV，故以 220kV 单相短路为控制条件。计算电流贡献全部按虹杨 220kV 母线发生单相短路时远期最大容许设计故障限值规算，即 220kV 母线短路，故障点最大短路电流为 45.5kA。分析中不考虑变压器损耗，按理想变压器考虑。计算结果见表 5-20。

（4）根据计算的故障电流贡献结果以及各电缆详细数据，利用 CDEGS 软件的 ROW（TRALIN/SPLITS）模块计算分析，建立了整体电网的回路模型，确定了 220kV 母线发生单相短路故障时，故障电流在变电站接地系统和电缆护套中的分布。当线路中有故障电流流过时，电缆护套受到相线的强烈感应，加上传导，从而会有一个更强烈的相反方向的电流，该电流的流出降低了通过地网流入大地的电流。设计中不考虑护套感应电流或对护套感应电流计算不准确，都会对分流系数计算导致错误的结论。虹杨变电站故障入地分流系数（入地电流/总故障电流×100%）大约在 11.97%，详细计算结果见表 5-20。

（5）地网导体热稳定计算。虹杨地网导体为 150mm^2 的铜绞线，对于最大故障持续时间 0.33s，最大电流热容量为 68.5kA（RMS）。最大总故障电流是 45.5kA。因此，即使假设全部总故障电流流经一个导体，比如故障点连接设备或结构的导体，150mm^2 的铜绞线足够满足热容量要求。

（6）地网安全性能。为了精确分析虹杨地下变电站全站接地系统的安全性，精确建立了变电站全站接地系统的三维空间模型。现有资料提供的模型是二维图纸形式，研究者根据现有的地网二维图纸和数据，经过与上海电力经济技术研究院多次沟通和认证，采用 CDEGS 软件包的建模工具 SESCAD 建立了整个变电站接地系统的三维 MALZ 模型，模型中接地系统的埋深、导体布置形式、导体尺寸和材料均基于图纸提供的实际情况考虑，从而保证计算模型的准确性。

（7）为准确考虑导体线电阻及导体间的相互作用，采用了世界权威软件 CDEGS 中 MALZ 计算模块，对 220kV 母线发生单相对地短路故障情况下的变电站接地系统电位、地表电位分布以及接触/跨步电压进行了计算。最后总结如下：考虑地下变电站空气层，考虑各种环流，对不同故障位置，故障发生在 200kV，最大容许故障电流，全虹杨地下变电站地导体电位升达 642.64 V，最高地面电位达 580.29V。全地下变电站人员可去的任何地方最大跨步电压为 23.27V，小于跨步电压保守安全值 339.9V（表 5-21，0.33s 故障清除时间下 30Ω·m 潮湿水泥表面）。站内人员可接触的地方最大接触电压为 203.21V，小于接触电压保守安全值 311.9V（表 5-21，0.33s 故障清除时间下 30Ω·m 潮湿水泥表面）。就是说，即使在各种十分保守的假设下，接触跨步电压全部安全。

（8）地下桩基对变电站安全性的影响。虹杨地下变电站占地面积较大，桩基较多，根据提供的资料，桩基模拟为共 600 多根长 45m 的钢筋，电站接地电阻考虑桩基时从原来的 0.083Ω 下降到 0.0714Ω，下降 14%；故障 220kV 母线最大短路电流水平 45.5kA 下，地网金属导体最大地电位升 GPR 不考虑桩基时为 642.64V，考虑桩基时下降到 613.06V，下降 4.6%；地网（包括桩基）最大接触电压不考虑桩基时为 203.21V，考虑桩基时下降到 185.04V，下降 8.9%；地下变电站最大跨步电压不考虑桩基时为 23.27V，考虑桩基时上升至 64.05V，下降 5.67%。对所有计算的故障下，在模拟地下桩基的情况下，虹杨变电站全部接触电压跨步电压满足保守 30Ω·m 潮湿水泥下接触跨步电压安全值。［下降率 $A = （U_{桩基} - U_{无桩基}）/U_{无桩基} \times 100\%$］

（9）虹杨变电站 220kV 故障下，整个地网入地电流为 5446A，通过桩基的入地电流为 4100A，约占总入地电流的 75%。桩基导体的接最大接触电压为 169.2V，满足 0.33s 故障清除时间所保守 30Ω·m 潮湿水泥下接触电压安全值 311.9V。

（10）虹杨变电站 220kV 故障下，流经桩基钢筋的最大电流为 1193A，桩基钢筋直径（最小）80mm，对于最大故障持续时间 0.33s，使用 SESAmpacity 模块计算分析，桩基钢筋表面温升仅 0.004℃，钢筋起始温度取 40℃，钢筋的最高温度为 40.004℃，远远小于 100℃ 要求值，热稳定性满足安全要求。

（11）周边商业居民金属设施对变电站安全性的影响。考虑虹杨地下变电站周边约 5km 居民水管道粗略大致网络，在 220kV 最大故障电流 45.5kA 情况下，对有无水管道做分析计算比较。由计算结果可以看出，220kV 远期最大故障电流水平 45.5kA 下，不考虑管道时，无论 GPR，还是接触跨步电压，都有明显增加。一般情况下，周边具名管道和商业楼房钢筋，会增强地下变电站地网的安全状态。当变电站内发生 220kV 单相故障时，在变电站接地系统与周边金属管道连接的情况下，在接地系统与管道的连接位置，管道的接触电压达到最大值 37.74V，跨步电压达到 3.49V，均小于安全限值的要求；在变电站接地系统与周边金属管道不连接的情况下，地网周边的金属管道的接触电压的最大值达到 28.86V，跨步电压的最大值达到 7.01V，均小于安全限值的要求。

（12）土壤特性对变电站安全性的影响。最大故障 220kV 电流水平 50kA，基于常见三种典型土模型，进行了土壤对电站地网安全性敏感性研究。不同土壤模型，导体金属 GPR 差别很大，差别可达 3 倍以上，但最大接触和跨步电压变化在所考虑的土壤变化范围内不明显，而且，三种土壤模型下，地表接触电压与跨步电压全部远远小于 0.33s 故障清除时间所对应模型的表面土壤电阻率安全值（接触电压安全值 532.5V，跨步电压保守安全值 1246.5V）。地下层接触电压与跨步电压同样全部远小于 0.33s 故障清除时间所对应潮湿水泥保守土壤电阻率 30Ω·m 安全值（接触电压安全值 311.9V，跨步电压保守安全值 339.9V）。就是说：虹杨变电站接地网在这三种土壤特性下都安全。但值得指出是，如果土壤模型变化超出三种模型范围很大，地网安全性能可能产生很大变化，必须重新计算评估核实其安全性。如果考虑地下桩基，可以预测：土壤（尤其是浅层土壤电气特性）带来的地网安全性能影响会减小，这是因为，庞大的地下桩基对地网随土壤特性的变化提供了一个直接的缓冲事实，使得变电站安全性能稳定，受土壤（尤其是浅层土壤电气特性）变化影响不那么明显。

（13）虹杨地下变电站地网安全性能评估结果表明接地网性能良好。需要强调的是：研究中短路电流、GIS 结构及接地点、电缆等数据基于典型数据集保守估算得到。建议在获得这些数据后，进行相应的地网安全性计算评估核算，以确保虹杨地下变电站的安全运行。

6 500kV 地下输变电工程总结

500kV 地下输变电工程的建设，可以极大地改善该地区相对薄弱的电网结构，简化中心城区的电网结构，同时使得中心城区的终端变电站易于接受来自不同方向的电源供电，以适应地区负荷增长的需要，提高供电可靠性。但是地下空间的不可见性给 500kV 输变电工程建设带来了许多不利影响，数字化将地下空间变得透明起来，是解决 500kV 输变电工程建设难点问题的一条有效途径。

（1）在 500kV 输变电工程设计时，基于国际通用 IFC 标准，采用国际前沿的 3DGIS＋BIM 集成技术，构建了 500kV 地下输变电工程三维数字化平台。该平台具有良好的可视化效果、便捷的可操作性和强大的数据管理能力，能够为国网电力工程的设计、施工、运营的数字化建设提供坚实的系统平台支撑。对今后智能电网建设具有指导借鉴作用，以提高电网建设投资效益和效率。在虹杨 500kV 地下变电站工程应用实践表明，该数字化平台能够支持电力工程项目从酝酿、规划、设计、施工、运维、改拆的应用，支持电力设施规划、设计、施工、运维等各个阶段的 BIM 应用，真正实现了 3DGIS＋BIM 的无缝与信息无损集成，以及从全球到局部、从地面到地下、从三维地形到三维建筑、从室外到室内、从静态目标到动态目标、从单项目管理到多项目管理、从单系统应用到多系统综合集成应用。通过集成设计和管理，大大提高工作效率，减少不必要的重复和返工，帮助企业取得良好的经济效益，同时具有良好的社会示范效应。

（2）在 500kV 输变电工程设计时，建立了基于云端大数据、移动终端的电力隧道全寿命管理平台，包含全部设计图纸信息的 3DGIS＋BIM 模型的应用，实现了工程项目设计从二维到三维的转变，对于建设工程项目的设计和管理具有积极的推动作用；平台中将工程项目信息与 BIM 模型中的构件相关联，实现构件与会议文件等文档信息的双向关联查询，成为工程项目信息管理工作的创新应用。在虹杨 500kV 地下变电站工程中潘广路—逸仙路电力隧道项目中的应用，对于工程项目施工过程中施工安全、工作协同等问题的研究及提供的监测、共享等解决方案极大程度上保证了工程项目建设质量及效率。

（3）针对 500kV 输变电工程接地技术的研究，总结了地下变电站接地系统安全性评估和分析的主要流程、基本方法和注意事项等内容。结合国内地下500kV 变电站——虹杨 500kV 地下变电站，进行了接地系统安全性评估工作。首先基于现场测量结果和理论分析创建了包括水平分层和地下空气腔在内的分块土壤结构模型；然后，基于地下变电站进出线全为埋地电力电缆的形式，分别使用电磁场法和回路法创建了故障电流分布计算模型，通过对比验证保证了故障电流分布结果的可靠性；最后，根据虹杨变电站接地系统实际情况，创建了 3D 复合接地系统模型，并基于前述得到的土壤结构和故障入地电流，分析了现有接地系统的安全性。

（4）500kV 地下变电站，特别是与非居建筑结合建设的工程较少，在国内技术层面上尚没有消防系统方面的规范。但随着经济的发展，供电负荷的增加，城市商业区变电站分布越来越密，这与城市商业区的土地的稀缺形成了极大的矛盾，500kV 地下变电站与非居建筑结合建设将是解决这个矛盾的一个较好的途径。但消防安全问题却是一个"拦路虎"，本文呢针对地下变电站的重大危险源，利用火灾模拟软件（FDS）进行了各种不利场景的模拟，得出了模拟结果和建议。但就变压器爆炸来说，仅进行了定量的计算。为进一步了解地下变电站的爆炸行为，及对周围的影响，应在有条件的情况下，进行火灾爆炸模拟，为今后的相关设计提供参考。

参 考 文 献

[1] 林金洪.110kV 数字化变电站继电保护配置方案［J］. 南方电网技术，2009，3（2）：71-73.

[2] 陈庆祺，李顺尧，李敏，等.电力设备实时温度三维显示方法实现［J］. 高压电器，2013，
    49（3）：45-48.

[3] 王俊凯，何晓，徐航.基于 EGM 模型的三维防雷评估与实例分析［J］. 电瓷避雷器，
    2014，137（2）：108-114.

[4] 郄鑫，齐立忠，胡君慧.三维数字化设计技术在输变电工程中的应用［J］. 电网与清洁
    能源，2012，28（11）：23-26.

[5] 王元媛，张承学.基于虚拟现实的输电线舞动三维场景的开发［J］. 电力科学与工程，
    2010，26（5）：17-21.

[6] 杨威.BIM 技术在电力工程中的应用现状及展望［J］. 电力与能源，2014（4）：530-532.

[7] 袁建生.三维边界元网格自动剖分［J］. 华北电力大学学报，1989（1）：59-65.

[8] 周封，李翠，王晨光.基于三维超声波阵列的风电场风力瞬变特性测量研究［J］. 电力
    系统保护与控制，2012，40（13）：127-134.

[9] 李晓军.GIS 空间分析方法研究［D］. 杭州：浙江大学，2007.

[10] 周亮，蔡钧，丁一波，等.基于 IFC 的输变电工程三维数字化管理平台研究［J］. 电网
    与清洁能源，2012，31（11）：7-12.

[11] 建筑业信息化关键技术研究与应用项目组. 建筑业信息化关键技术研究与应用［M］. 北
    京：中国建筑工业出版社，2013.

[12] KOO B, SHON T. A Structural Health Monitoring Framework Using 3D Visualization and
    Augmented Reality in Wireless Sensor Networks [J]. Journal of Internet Technology, 2010,
    11(6): 801-807.

[13] 张建平，曹铭，张洋. 基于 IFC 标准和工程信息模型的建筑施工 4D 管理系统［J］. 工
    程力学，2005（S1）：31-36.

[14] 满延磊，谢步瀛，张其林，等. 基于 OGRE 和 BIM 的建筑物运行维护可视化系统平
    台研发［J］. 土木建筑工程信息技术，2013，5（1）：45-47.

[15] 张雷，姜立，叶敏青，等. 基于 BIM 技术的绿色建筑预评估系统研究［J］. 土木建筑
    工程信息技术，2011（1）：31-36.

[16] 车谦. 基于 BIM 的施工项目进度风险预警研究［D］. 哈尔滨：哈尔滨工业大学硕士

学位论文，2013：62-66.

[17] 张泳，王全凤. 基于 BIM 的建设项目文档集成管理系统开发 [J]. 武汉理工大学学报（信息与管理工程版），2008，30：616-620.

[18] 齐聪，苏鸿根. 关于 Revit 平台工程量计算软件的若干问题的探讨 [J]. 计算机工程与设计，2008，29（3）：3760-3762.

[19] 柳娟花. 基于 BIM 的虚拟施工技术应用研究 [J]. 西安：西安建筑科技大学学位论文，2012：44-62.

[20] 李志平，施卫华.高压电缆及电缆隧道环境在线监测系统的应用 [D]. 昆明冶金高等专科学校学报，2012，28（05）：32-36.

[21] 赖磊洲. 电缆隧道环境在线监测系统的研究与设计 [D]. 广州：华南理工大学，2012.

[22] 黄慧. 电缆隧道综合监控平台的设计与实现 [D]. 武汉：华中科技大学，2013.

[23] 曹华. 电力电缆隧道综合监控系统研究与应用网 [D]. 北京：华北电力大学，2013.

[24] 洪娟. 高压电缆金属护层环流在线监测系统的研究和应用 [D]. 北京：华北电力大学，2013.

[25] 卞佳音. 高压电力电缆故障监测技术的研究 [D]. 广州：华南理工大学，2012.

[26] 庄春华，王普. 虚拟现实技术及其应用 [M]. 北京：电子工业出版社，2010.

[27] 艾远高，李朝晖. 面向智能水电站的运行信息虚拟现实表达方法研究 [J]. 电力系统保护与控制，2013，41（8）：135-140.

[28] 刘光然. 虚拟现实技术 [M]. 北京：清华大学出版社，2011.

[29] BURDEA, GRIGORE COIFFET, PHILIPPE, etc. Virtual Reality Technology [M]. New York: J Wiley&Sons, 1994.

[30] 秦文虎，狄岚，姚晓峰，等. 虚拟现实基础及可视化设计 [M]. 北京：化学工业出版社，2009.

[31] PETERSEN A, P.L. AUSTIN. Impact of Recent Transformer Failures and Fires – Australian and New Zealand Experiences [C] // CIGRE A2 Colloquium, Moscow, Russia, 2005.

[32] FOATA. M Power Transformer Fire Risk Assessment [C] // CIGRE, Transformer Technology Conference, Sydney, Australia, 31st March, 2008.

[33] 倪镭，王怡凤，许建华，等. 500kV 世博地下变电站的设计 [J]. 华东电力，2008，36（11）：55-58.

[34] 高晓华，朱亚平. 220kV 地下变电站消防技术优化研究 [J]. 华东电力，2011，39（8）：1324-1326.

[35] 吴向君，浦金云，李营，等. 受限空间内油料火灾的热释放速率分析 [J]. 海军工程

大学学报，2010，22（6）：96-100.

[36] 邱旭东，高甫生，王砚玲. 通风状况对室内火灾过程影响的数值模拟 [J]. 自然灾害学报，2004，13（5）：80-84.

[37] 宋卫国，范维澄. 回燃及其对腔室火灾过程的影响 [J]. 火灾科学，2000，9（3）：28-34.

[38] 唐高胤，张礼敬，付道兴，等. 南京长江隧道火灾数值模拟 [J]. 中国安全生产科学技术，2011，7（12）：74-79.

[39] 黄丽丽，朱国庆，张国维，等. 地下商业建筑人员疏散时间理论计算与软件模拟分析 [J]. 中国安全生产科学技术，2012，8（2）：69-73.

[40] 李引擎. 建筑防火性能化设计 [M]. 北京：化学工业出版社，2005.

[41] 何金良，曾峰. 电力系统接地技术 [M]. 北京：科学出版社，2007.

[42] 胡毅. 关于变电站接地网的腐蚀及解决措施 [J]. 高电压技术，2013，13（2）：62-63.

[43] 杨道武，朱志平，李宇春，等. 电化学与电力设备的腐蚀与防护 [M]. 北京：中国电力出版社，2004.

[44] 黄小华，邵玉学. 变电站接地网的腐蚀与防护 [J]. 全面腐蚀控制，2007，21（5）：22-25.

[45] 胡学文，许崇武，王钦. 接地网防蚀材料性能试验 [J]. 高电压技术，2002，28（5）：21-23.

[46] 赵若涵. 雷电冲击电流作用下地面电位升高及其反击的研究 [D]. 成都：西华大学，2013.

[47] 包炳生. 关于闪电闪击跨步电压及其风险探讨 [C] //中国气象学会. S13 第十届防雷减灾论坛——雷电灾害与风险评估. 中国气象学会，2012.

[48] 何金良，张波，曾嵘，等. 1000kV 特高压变电站接地系统的设计 [J]. 中国电机工程学报 2009（7）：7-12.

[49] 袁涛，李景丽，司马文霞. 土壤电离动态过程对接地装置冲击散流的影响分析 [J]. 高电压技术，2011（7）：1606-1613.